CW01660466

LE GUIDE

DES ROSES

LES CONSEILS PRATIQUES, LES EXPLICATIONS DE BASE

EDITIONS ATLAS

LE GUIDE DES ROSES

LES CONSEILS PRATIQUES, LES EXPLICATIONS DE BASE

Édité par :
Éditions Glénat

Services éditoriaux et commerciaux :
Éditions Glénat – 31-33, rue Ernest Renan
92130 Issy-les-Moulineaux

Cet ouvrage est une édition partielle de l'encyclopédie
« Je jardine avec Nicolas » publiée par les Éditions Atlas

Maquette de couverture : Les Quatre Lunes
Photos de couverture :N. et P. Mioulane/M.A.P.

Imprimé en C.E.E.
Dépôt légal : 1er semestre 2001
ISBN : 2.7234.3497.4

INTRODUCTION

Indétrônable, la rose est depuis des siècles, notre fleur préférée. Odorant ou non, miniature, arbuste d'envergure, couvre-sol ou plante grimpante, le rosier se décline en plus de vingt mille variétés. Ce guide des roses vous permettra d'en découvrir un certain nombre parmi les plus belles. Les rosiers à grandes fleurs évoquent la rose des fleuristes. De culture facile, ce sont les rosiers les plus répandus. Les rosiers à massif, à fleurs de taille moyenne offrent des bouquets fournis du printemps à l'automne. Grands classiques les rosiers grimpants et remontants sont précieux dans une roseraie. Ce guide apprend aussi comment marier des rosiers à d'autres plantes vivaces et arbustives afin de créer des scènes originales et des ambiances pleines de charme.

Mais les rosiers nécessitent une attention constante : les soins apportés sont indispensables pour assurer une floraison généreuse. C'est pourquoi, à la fin du livre, une section traite de toutes les questions liées à la plantation, à l'entretien et aux soins des rosiers.

Vous trouverez donc au fil de ces pages tous les conseils nécessaires pour bien choisir vos roses et les cultiver en toute connaissance de cause.

L'ÉDITEUR

SOMMAIRE

LES ROSIERS

LES ROSIERS À FRUITS DÉCORATIFS

Certaines espèces et variétés de rosiers donnent en automne des bouquets de fruits : les cynorrhodons. Ces notes colorées, rares en cette saison, égaient les plantes jusqu'en hiver.

Les rosiers à fruits décoratifs sont des arbustes robustes, le plus souvent à fleurs simples. Ils méritent d'être mieux connus des amateurs.

DES CARACTÉRISTIQUES DE ROSES ANCIENNES

La plupart des rosiers à fruits décoratifs sont des espèces botaniques ou des variétés anciennes, issues de croisements entre espèces botaniques. Ce sont des arbustes ou des rosiers sarmenteux, à fleurs simples ou demi-doubles. Leur floraison est en général unique et non remontante. Après la floraison, les fleurs, appelées églantines, se transforment en fruits ronds ou ovales, dans des tons allant du rose corail au rouge sombre. Utiliser la pulpe de ces fruits en confiture. Les cynorrhodons restent longtemps sur l'arbuste après la chute du feuillage. Ces bouquets de baies aux teintes éblouissantes, souvent associés à un feuillage d'automne coloré, offrent autant d'attrait au jardin qu'une floraison tardive.

DES ARBUSTES FACILES À INTÉGRER AU JARDIN

Grâce à leur port souple, à leur robustesse et à leur floraison dépourvue de sophistication, ces rosiers trouvent leur place dans tous les jardins.

Selon leur taille, les planter en sujet isolé ou par groupe de trois ou cinq en bordure de pelouse. Une autre solution consiste à les associer à des plantes vivaces, à l'arrière-plan d'une mixed-border à l'anglaise. Ils se marient sans difficulté avec d'autres arbustes à fleurs ou à feuillage décoratif. Leurs tiges, souvent hérissées d'épines, en font d'excellents sujets pour des haies.

M.A.P./ Nief

M.A.P./ Nief

A l'automne, harmoniser le feuillage glauque et les fruits orangé de *Rosa rubrifolia* avec le feuillage pourpre de certains érables japonais comme *Cotinus coggygria* ' Royal Purple ' ou avec celui du fenouil bronze *Fœniculum vulgare* ' Purpureum '.

PLANTATION ET ENTRETIEN

Planter ces rosiers en automne dans les régions à climat tempéré et au début du printemps dans les régions à hiver froid. Effectuer la plantation dans un sol bêché et ameubli. Préparer un trou large et profond, en fonction de la taille

Ci-contre et ci-dessous : Rosa canina, *l'églantier commun, est un arbuste vigoureux de 3 m de hauteur, aux fleurs blanc rosé et aux fruits ellipsoïdes écarlates.*

N. et P. Mioulane / M.A.P.

Ci-contre : arbuste redressé de 2 m de hauteur, aux tiges vigoureuses et tomenteuses, aux aiguillons nombreux, aux fleurs solitaires ou peu nombreuses, Rosa rugosa *présente des fruits globuleux et rouges.*
Ci-dessous : les cynorrhodons sont des fruits décoratifs pour le jardin.

A. Descat / M.A.P.

DE GROS FRUITS BEAUX ET COLORÉS

On peut pratiquer le pincement dans les bouquets de fruits formés sur les rosiers. Éliminer les fruits les plus petits ou trop serrés. Ceux qui restent se développent mieux et sont plus colorés à l'automne.

des racines. Au fond du trou, ajouter de la tourbe et un engrais complet à décomposition lente.

L'entretien de ces rosiers est limité. Surveiller les besoins en eau les deux premières années suivant la plantation. Les années suivantes, faire un apport d'engrais spécial « Rosiers » en début de végétation. En été surviennent les maladies et les attaques d'insectes. Traiter avec un fongicide ou avec un insecticide approprié.

UNE TAILLE LÉGÈRE

Les formes sarmenteuses ou arbustives demandent une légère taille d'entretien annuelle. Conserver les fleurs fanées. Ce sont elles qui donnent les fruits décoratifs en été ou en automne.

La taille consiste à supprimer le bois mort, faible ou malade. L'entreprendre après la floraison ou en fin d'hiver. Dans ce dernier cas, supprimer, s'il en reste, les bouquets de fruits desséchés. Tailler à la cisaille et en hiver les espèces vigoureuses cultivées en haie, comme *Rosa rugosa*.

UNE SÉLECTION D'ESPÈCES ET DE VARIÉTÉS À FRUITS DÉCORATIFS

S = fleurs simples ; D = fleurs demi-doubles ; P = fleurs parfumées ; R = floraison remontante

ROSIERS BOTANIQUES	Fleurs	Fruits	Remarques
Rosa rugosa	rose vif, S, P, R	rouge vif, globuleux	feuillage gaufré
Rosa moyesii	rouge vif, S	orangé	rameaux brun-rouge
Rosa hugonis	jaune, S	rouge-brun, ronds	
Rosa rubrifolia	rose vif, S	rouge-brun vif,ovales	feuillage gris bleuté
Rosa rubiginosa	rose carné, S	rouge vif	feuillage parfumé
Rosa nutkana	rose, S	gros fruits rouge vif	
Rosa longicuspis	blanc, S	rouges, oblongs	sarmenteux
Rosa pimpinellifolia	jaune pâle, S	noir brillant, ronds	jeunes tiges acajou
VARIÉTÉS			
Rosa sericea			
' Pteracantha '	blanc, S	rouge orangé, oblongs	grandes aiguilles rouges
Rosa alba			
' Semi-plena '	blanc, D, P	rouges, gros	feuillage gris-vert
Rosa gallica			
' Officinalis '	rouge carmin, D, P	orangé, ronds	
' Complicata '	rose brillant, S	orangé, gros, ronds	
' Wedding Day '	jaune pâle, S, P	jaune orangé, ronds	grimpant
' Canary Bird '	jaune canari, S	rouges	feuillage léger
' Scharlachglut '	rouge carmin, foncé, S	rouge orangé, gros	
' Frau Dagmar Hastrup '	rose clair, S, R	gros, ronds et rouges	avec les dernières fleurs
' Kiftsgate '	blanc, en bouquets	rouges, petits	grimpant
' Kew Rambler '	rose pâle, en bouquets	orangé, petits	grimpant
' Francis E. Lester '	blanc rosé, S, R	rouge orangé	feuillage brillant

LES ROSES ROSES PARFUMÉES

La couleur rose arrive en tête au palmarès des rosiers de jardin. Elle est encore plus appréciée quand ils sont parfumés.

Cette sélection de variétés réunit ces deux atouts parmi les roses anciennes et modernes, les rosiers grimpants et les rosiers buissons.

LES ROSIERS BOTANIQUES ET LES VARIÉTÉS ANCIENNES

À l'origine, le parfum de la rose est l'apanage de certaines espèces botaniques.

Les espèces sauvages les plus parfumées sont sans doute *Rosa gallica*, la rose de Provins, aux fleurs rose pourpré, *R. moschata,* à fleurs simples blanches, au parfum musqué caractéristique, et *R. rugosa*, aux fleurs rose vif. Leurs descendants ont souvent hérité de leur parfum exquis.

Les groupes des rosiers de Damas et des rosiers Alba comprennent aussi des variétés parfumées.

Les rosiers mousseux sont un cas particulier : leur parfum est dû aux nombreuses petites glandes qui couvrent les sépales.

Parmi les belles variétés anciennes à fleurs roses figurent : ‘ Cornélia ’, hybride de *R. moschata*, rosier arbuste remontant, rose pêche au parfum épicé; ‘ Comte de Chambord ’ rosier ‘ Portland ’ remontant à grosses fleurs doubles, rose franc, au parfum capiteux; ‘ Blush Noisette ’, rosier noisette arbustif, remontant, à petites fleurs en pompons rose pâle, au parfum de girofle; ‘ Madame Pierre Oger ’, rosier ‘ Bourbon ’ arbustif, remontant, à fleurs rose pâle teinté d'argent, au parfum délicat; ‘ Cuisse de Nymphe Émue ’, *R. alba*, non remontant, aux fleurs doubles, rose tendre et parfumées. Penser aussi à ‘ Queen of the Musk ’ hybride de R. *moschata*, remontant, buisson touffu à grandes fleurs simples rose pâle et parfum musqué, ‘ Sarah Van Fleet ’, hybride de *R. rugosa*, remontant, arbustif, à grosses fleurs roses parfumées; ‘ Yolande d'Aragon ’, rosier ‘ Portland ’ remontant, à port dressé, fleurs doubles, rose soutenu, parfumées; ‘ Conrad Ferdinand Meyer ’, hybride de *R. rugosa*, grand arbuste remontant à fleurs doubles parfumées, rose carné.

Ci-dessous : rosier ancien ‘ Cuisse de Nymphe Émue’, non remontant, aux fleurs doubles.
En médaillon : rose ‘ Yves Piaget ’.

LE PARFUM À LA VERTICALE

C’est surtout parmi les variétés anciennes que l'on trouve des rosiers grimpants ou sarmenteux au parfum marqué : ‘ Belle de Londres ’, variété moderne remontante, à fleurs rose abricot parfumée; ‘ Belle Portugaise ’, variété ancienne vigoureuse, à réserver au midi de la France, à fleurs rose saumon, au parfum puissant; ‘ Constance Spry ’ rosier anglais, grand arbuste ou rosier sarmenteux, à fleurs doubles rose soutenu, au parfum

N. et P. Mioulane / M.A.P.

N. et P. Mioulane / M.A.P.

épicé; ‘ François Juranville ’, variété ancienne vigoureuse, à fleurs doubles, rose teinté de jaune au parfum de pomme; ‘ Madame Isaac Péreire ’, variété ancienne, arbustive ou sarmenteuse, à grosses fleurs rose soutenu, parfumées : ‘ Rose Céleste ’, variété remontante, à fleurs rose clair, parfumées : ‘ Climbing Souvenir de la Malmaison ’, mutation grimpante d'une variété ancienne, remontante, d'un rose très pâle; ‘ Zéphyrine Drouhin ’, variété ancienne remontante, rose carminé, en bouquets parfumés.

Ci-dessous : rosier buisson ‘ Rendez-vous ’, au magnifique coloris rose Bengale.

N. et P. Mioulane / M.A.P.

LES ROSIERS BUISSONS PARFUMÉS

Il est souvent reproché aux roses modernes leur quasi-absence de parfum. C'est vrai de la plupart des rosiers buissons à fleurs en bouquets. En revanche, le parfum est présent chez les variétés à grandes fleurs. Parmi ceux qui offrent tout l'été des roses roses parfumées, on peut citer ‘ Grand Siècle ’, rose tendre; ‘ Jardins de Bagatelle ’, blanc rosé; ‘ Charlotte Rampling ’, de teinte rose Bengale foncé; ‘ Rendez-Vous ’, rose indien; ‘ Stéphanie de Monaco ’, d'un rose vif satiné. ‘ Yves Piaget ’ est une variété à fleurs de pivoine d'un rose doux.

Parmi les buissons à petites fleurs, ‘ Manou Meilland ’ et ‘ Centenaire de Lourdes ’ se distinguent par leur parfum léger.

CHOIX DE L'EMPLACEMENT ET PLANTATION

Ils se plaisent en situation dégagée et ensoleillée. Éviter les sols acides ou calcaires.

Choisir leur emplacement de façon à profiter le plus possible de leur parfum. Palisser les variétés grimpantes contre une façade de la maison ou sur un support (pergola, tonnelle) près de la terrasse ou du salon d'été. Planter les formes buissonnantes ou arbustives sous les fenêtres (ouvertes en été) le long de la terrasse.

Préparer le sol avant la plantation par un bêchage en profondeur. Procéder à des apports de matière organique, sous forme de fumier ou compost bien décomposé. Planter les rosiers à l'automne ou au début du printemps, à 50 cm de distance en tout sens pour les plates-bandes de rosiers buissons à grandes fleurs.

TAILLE ET ENTRETIEN

Tailler à la fin de l'hiver, juste avant la reprise de la végétation. Tailler les rosiers grimpants non remontants après la floraison, en général en juillet.

Tailler les rosiers buissons à trois-quatre yeux par branche, cinq-six pour les variétés vigoureuses. Une fois bien formées, les variétés arbustives, rosiers botaniques ou anciens, ne demandent qu'une taille légère. Supprimer le bois mort, âgé ou malade, et les tiges en surnombre.

Pour les rosiers grimpants remontants, supprimer les plus vieilles tiges. Rabattre ensuite les ramifications secondaires d'un tiers à un quart de leur longueur. Repalisser en éventail les tiges principales conservées.

L'entretien de ces rosiers se résume à un apport d'engrais complet en début de saison et à une surveillance régulière. Traiter si nécessaire contre parasites et maladies cryptogamiques. Supprimer les fleurs fanées au fur et à mesure.

UN CHOIX DE ROSES ROSES PARFUMÉES

Hauteur	Rose pâle	Rose nacré	Rose vif	Rose foncé
0,70 - 1 m (rosier buisson)	‘ Queen of the Musk ’ (R) ‘ Jardins de Bagatelle ’ (R)	‘ Yves Plaget ’ (R) ‘ Grand siècle ’ (R)		‘ Charlotte Rampling ’ (R) ‘ Stéphanie de Monaco ’ (R) ‘ Rendez-Vous ’ (R)
1 - 1,2 m	‘ Héritage ’ (R)	‘ Mary Rose ’ (R)		
1,20 - 1,5 m	‘ Cuisse de Nymphe Émue ’ (NR)		‘ Comte de Chambord ’ (R)	‘ Yolande d'Aragon ’ (R)
1,50 - 2 m	‘ Cornélia ’ (R) ‘ Madame Pierre Oger ’ (R)	‘ Conrad Ferdinand Meyer ’ (R)	‘ Sarah Van Fleet ’ (R)	
plus de 2 m (rosiers sarmenteux)	‘ Climbing Souvenir de la Malmaison ’ (R)	‘ François Juranville ’ (NR) ‘ Rose Céleste ’ (R)	‘ Belle Portugaise ’ (NR) ‘ Belle de Londres ’ (R) ‘ Constance Spry ’ (R)	‘ Zéphyrine Drouhin ’ (R)

(R) : remontant (NR) : non remontants

LES ROSIERS A GRANDES FLEURS

Appelés aussi rosiers « à massifs », les rosiers à grandes fleurs regroupent les hybrides de thé et les floribundas. Les premiers ont de grandes fleurs, en général uniques ou par deux. Chez les seconds, elles sont réunies en bouquets (de trois à sept). Ils créent un effet de masse.

Ce sont des arbustes de 0,60 à 1,20 m de hauteur, à tige droite, peu ramifiée, au beau feuillage vernissé et à floraison remontante, c'est-à-dire quasi continue du printemps à l'automne. Leurs fleurs sont toujours doubles (de vingt à quarante-cinq pétales). Leur bouton, pointu, est dit « turbiné ». Les roses mesurent de 8 à 15 cm de diamètre. Certaines possèdent un attrait supplémentaire : le parfum.

Les rosiers à grandes fleurs évoquent la rose des fleuristes. De culture facile, ce sont les rosiers les plus plantés.

Le jardinier qui cultive ces rosiers pour la fleur à couper peut les planter au potager. Ce qui évite de dégarnir le jardin d'ornement.

LES ACCOMPAGNER D'AUTRES FLEURS

Planter entre les pieds de rosiers ou en bordure du massif de petites plantes à fleurs : pensées,

Mioulane/MAP

' Tamengo ', rosier hybride de thé obtenu par Meilland. Ses superbes fleurs rouges ornent le jardin et, une fois coupées, embellissent la maison.

J. Benazet/Pix

Le château de La Malmaison.

HISTOIRE DE LA ROSE

Les rosiers sont originaires de régions du globe très éloignées les unes des autres mais toutes situées dans l'hémisphère Nord. Ils sont cultivés depuis la plus haute Antiquité en Chine, en Iran et en Syrie. En 600 avant J.-C. se développent en Grèce puis à Rome des espèces du rosier *Rosa gallica,* qui pousse à l'état spontané dans le bassin méditerranéen.

Sous l'effet de croisements naturels (dus au transport du pollen par les insectes) et des cultures, ces espèces évoluent. Les premières roses chinoises, *Rosa indica fragrans,* sont expédiées en Europe vers 1750 par un pépiniériste de Canton. Cette rose de Chine au parfum de thé, au feuillage brillant, aux couleurs irisées, commence à être croisée avec les roses européennes. Ces dernières sont au nombre d'une centaine environ à la fin du XVIIIe siècle. L'impératrice Joséphine réunit dans son jardin de La Malmaison les cent dix-huit variétés connues à l'époque.

Au XIXe siècle, les hybridations se succèdent. A la beauté de la fleur s'ajoutent des caractères de remontance, de floribondité, de rusticité de l'arbuste. En 1900, un horticulteur lyonnais, Joseph Pernet-Ducher, obtient d'un rosier hybride remontant fécondé par le pollen d'une variété de *Rosa lutea,* rosier jaune d'Iran, le premier hybride de thé jaune, à l'origine des roses jaunes de nos jardins.

Les variétés modernes descendent les unes des autres. Aujourd'hui, l'homme, qui a maîtrisé la génétique du rosier, a le pouvoir d'accélérer le processus de transformation.

myosotis, phlox nains, œillets mignardise, campanules, etc. Ces fleurs s'épanouissent au printemps puis en été. Elles masquent les tiges à la base souvent dénudée et limitent le développement des mauvaises herbes.

LES PLACER A L'ABRI DES COURANTS D'AIR

Les rosiers à grandes fleurs sont utilisés surtout en plates-bandes classiques. Ces massifs ont en général un tracé géométrique. Ils sont disposés le long d'un mur ou en îlot dans la pelouse. On peut aussi les planter en bordure d'une allée. Toujours choisir un emplacement ensoleillé et à l'abri des courants d'air.

Une plantation d'une seule teinte produit toujours un effet réussi. Pour créer un massif de plusieurs variétés, tenir compte des coloris et de la dimension des fleurs. Toujours planter plusieurs pieds de chaque variété. Quelques rosiers de haute taille, tiges ou pleureurs, peuvent animer ces plates-bandes traditionnelles.

LES PLANTER EN QUINCONCE

Les rosiers peuvent rester en place pendant vingt ans. Il faut donc les planter avec soin.

Planter d'octobre-début novembre à la mi-avril, en évitant les périodes de gel, les rosiers livrés racines nues. Dans les régions à hivers tempérés, l'automne est préférable. Le rosier a le temps de s'implanter avant le départ de la végétation, et la première floraison est plus fournie. Les rosiers livrés en conteneurs se plantent en toute saison.

Selon les variétés choisies, les planter en quinconce, espacés de 30 à 80 cm. Arroser régulièrement les rosiers plantés au printemps pour faciliter leur reprise.

Creuser un trou de profondeur suffisante. Y épandre une poignée d'engrais à décomposition lente. Placer le bourrelet de greffe juste au-dessus de la surface du sol. Tasser la terre meuble en la piétinant. Arroser en abondance, même s'il pleut.

LES TAILLER POUR LES EMBELLIR

Il faut distinguer la taille de formation, sur le rosier jeune, et la taille d'entretien, pratiquée par la suite. La taille s'effectue, selon les régions, du 15 février au 8 mars.

Taille de formation. Sélectionner trois branches bien équilibrées. Les rabattre à 3 ou 4 yeux (bourgeons) à partir de la base. Faire au sécateur une coupe nette, en biseau, juste au-dessus d'un bourgeon orienté vers l'extérieur de l'arbuste. Supprimer les autres ramifications.

Ci-dessous : la rose ' Catherine Deneuve '.

Agence Bamboo/A. Descat

Agence Bamboo/A. Descat

ROSIERS À GRANDES FLEURS DE COLORIS VARIÉS

La lettre P indique que la rose est parfumée

Agence Bamboo/A. Descat

BLANC

'Virgo'
'Caroline de Monaco'
'Grand Nord'
'Jardins de Bagatelle' P

JAUNE

'Landora'
'Madame A. Meilland'
'Solidor'

Mioulane/MAP

ROSE

'Crêpe de Chine'
'Yves Piaget' P
'Queen Elisabeth'
Stéphanie de Monaco' P
'Panthère Rose'
'Maria Callas'

DIVERS

'Dioressence', mauve P
'Rose Gaujard', cerise et argent
'Catherine Deneuve', rose orangé

ROUGE

'Madame Delbard'
'Papa Meilland' P
'Nuage Parfumé' P
'Madame Laperrière' P
'Président L. Senghor'

1) Rose 'Madame Meilland'; 2) rose 'Yves Piaget'; 3) rose 'Président L. Senghor'; 4) rose 'Maria Callas'.

Agence Bamboo/A. Descat

Agence Bamboo/A. Descat

CUEILLIR LES ROSES

Pour cueillir les roses, aller au jardin en fin de matinée. Utiliser un sécateur pour une coupe nette. Sectionner la tige au-dessus de la troisième feuille en partant de la fleur. La formation de nouvelles fleurs s'en trouve facilitée.

Taille d'entretien. Elle a pour but de conserver l'équilibre et la silhouette du rosier, d'éviter la formation de ramifications trop nombreuses au détriment de la qualité des fleurs. Conserver les trois ou quatre ramifications principales. Les tailler à 3 ou 6 yeux selon la vigueur de la variété. Une variété vigoureuse est taillée « long » (5 ou 6 yeux) pour freiner la repousse. Moins vigoureuse, elle est taillée « court » (3 ou 4 yeux) pour la stimuler. Supprimer toutes les branches sèches, faibles ou dirigées vers le centre.

LES SOIGNER TOUTE L'ANNÉE

Le binage. Superficiel, pour éviter de blesser les racines. Il garde le sol propre et l'ameublit en surface pour une meilleure pénétration de l'eau.

L'arrosage. Nécessaire, dès juin par temps de sécheresse et jusqu'à la fin août, pour assurer la « remontée » de la floraison. Bien mouiller la terre au pied du rosier.

Le paillage. Recommandé. Tourbe, écorce broyée ou compost empêchent le développement des mauvaises herbes et retiennent l'humidité dans le sol.

L'élimination des fleurs fanées. Indispensable, pour conserver aux rosiers leur aspect esthétique et favoriser la poursuite de la floraison.

L'apport d'engrais. Conseillé, pour stimuler la floraison. Utiliser un engrais « spécial rosiers ». Faire cet apport à partir de la deuxième année de culture, au moins à deux reprises : en mars-avril, après la taille, puis en juillet.

LES TRAITER CONTRE MALADIES ET PARASITES

Le parasite le plus fréquent des rosiers est le puceron, vert ou noir. Les maladies à redouter sont l'oïdium, ou blanc du rosier, la rouille et le marsonia, ou maladie des taches noires.

Surveiller le feuillage et les boutons pour déceler dès que possible les premiers symptômes d'une attaque.

Traiter avec un produit approprié, insecticide ou fongicide. Il existe dans le commerce des formulations spécifiques pour les rosiers associant insecticide et fongicide. Procéder à un traitement préventif au début du printemps.

En cours de culture, garder le sol propre, éliminer fleurs et feuilles fanées pour éviter le développement de maladies ou de parasites.

LES ROSIERS MINIATURES

Les rosiers donnent des fleurs à peine plus grosses qu'un ongle et atteignent 30 cm de haut au maximum. Ils conviennent au jardin autant qu'au balcon.

Difficile de résister au charme de ces petits rosiers. Ils conviennent aussi bien pour les petits jardins, les terrasses, les cours ou les balcons.

L'ACHAT : ENTRE NOVEMBRE ET MARS

On les trouve chez les fleuristes et dans les magasins spécialisés durant toute l'année. C'est entre novembre et mars que l'on dispose du meilleur choix. Pour les planter en pleine terre, préférer les rosiers greffés vendus à racines nues. Ils sont plus rustiques et résistants.

Planter au printemps et en septembre. Ils offrent de meilleures chances de reprise, avant les chaleurs de l'été et le froid hivernal. Pour une culture en bac ou en jardinière, choisir les variétés obtenues par bouturage *in vitro*. Elles sont vendues en pot.

L'UTILISATION : AU JARDIN OU SUR LA TERRASSE

Leur petite taille en fait des plantes idéales pour le balcon ou la terrasse. Cultivées en potées ou en bacs, elles se développent vite. Ces rosiers produisent une

N. et P. Mioulane / M.A.P.

Rosiers Meillandina rouges. Ce sont des plantes idéales à cultiver en bacs sur le balcon ou sur la terrasse.

N. et P. Mioulane / M.A.P.

N. et P. Mioulane / M.A.P.

A droite : ' Lady Meillandina '. En médaillon : ' Orange Meillandina ', rouge éclatant. Ci-dessous : Nozomi.

A. Descat / Agence Bamboo

grande quantité de fleurs durant sept mois de l'année. La floraison s'interrompt de novembre à mai.

Regrouper plusieurs pieds dans un même contenant, pour obtenir un bel effet de masse. Utiliser une seule variété associée à d'autres végétaux. Ou encore, mélanger plusieurs variétés de teintes différentes. Les rosiers miniatures offrent une large palette de coloris : rouge éclatant, rose vif ou pastel, jaune et orangé, blanc pur.

Au jardin, les employer dans une rocaille où leur taille réduite fera merveille. Les planter en bordure de massif, dont ils soulignent les contours. A la fin de l'année, ils peuvent remplacer les géraniums et les impatiens au sein des massifs. Ils durent plus longtemps que ces classiques annuelles.

LES SOINS : ARROSER, PAILLER, TAILLER

Les cultiver dans un mélange léger à base de tourbe et de terreau. Ces rosiers craignent le manque d'eau. Les arroser en cas de sécheresse.

Les rempoter dans un compost de deux-tiers de terre de jardin et un tiers de tourbe.

En hiver, protéger leur pied avec une épaisse couche de tourbe. Ils sont sensibles au gel, surtout les variétés obtenues *in vitro*.

Supprimer les fleurs fanées qui épuisent la plante. Les tailler à la fin de l'hiver (vers le mois de mars). Oter toutes les brindilles mortes ainsi que les branches mal formées ou trop faibles. Conserver les rameaux principaux. Les rabattre légèrement. Pour les fertiliser et encourager la floraison, utiliser un engrais liquide dilué dans l'eau d'arrosage. L'appliquer de mars à octobre. Éviter d'en donner à une plante assoiffée et souffrante.

L'EXPOSITION : SOLEIL ET LUMIERE

Ils ont besoin de beaucoup de lumière et même de soleil. Ils redoutent les expositions en plein sud qui les disposent à l'oïdium.

LA CHOIX : SURTOUT LES MEILLANDINA

Les Meillandina sont si répandus que cette collection est devenue le symbole des rosiers miniatures. Parmi le nouvelles variétés, ' Air France Meillandina ', à fleurs rose pâle, est un grimpant adapté aux terrasses et balcon d'une hauteur de 1,80 à 2 m. ' Orange Meillandina ' à la couleur éclatante rehausse une rocaille ou un muret. Parmi les classiques, certains rosiers font 45 cm de haut au maximum, comme ' Easter Morning ' à fleurs doubles blanc-ivoire, ' Perla de Alcanada ', un rosier semi-double rouge carmin, ainsi qu'un rosier rare d'origine japonaise : le ' Nozomi ', au port rampant.

ASSOCIATIONS ET COULEURS

Le choix des couleurs doit s'effectuer en fonction de l'environnement et du climat.

Sous un ciel souvent gris et nuageux, les couleurs douces, les tons ambrés sont plus appropriés que les teintes vives, trop violentes. En revanche, sous un soleil éclatant, préférer le rouge vermillon, le jaune soleil.

Dans une jardinière ou un bac, associer les rosiers miniatures aux conifères nains. Mélanger à des annuelles comme les lobélias bleus ou pourpres, les gératums mauves ou les calcéolaires. Le feuillage argenté des cinéraires convient aux rosiers rouge sombre ou vif. Les associer aussi à des grimpantes comme les clématites, qui ont besoin d'une plante au port touffu et bas pour apporter un peu d'ombre à leur pied.

LES ROSIERS A FLEURS EN BOUQUETS

Les rosiers à massif, à fleurs de taille moyenne, sont les plus plantés dans nos jardins. Ils offrent des bouquets fournis du printemps à l'automne.

Appelé rosier à fleurs groupées, rosier à massif ou rosier multiflore, le rosier buisson à fleurs en bouquets est le plus utilisé parmi les rosiers. Il est apprécié pour sa floraison soutenue, sa facilité de culture et sa longévité.

Les rosiers à massif constituent un groupe hétérogène dans la généalogie des rosiers. Ils regroupent les anciennes catégories des polyanthas et floribundas, ainsi que des hybrides entre ces derniers et des hybrides de thé.

Ils se caractérisent par une floraison abondante en bouquets terminaux, remontante du printemps aux gelées.

Les fleurs de ces rosiers sont moins grosses que celles des traditionnels rosiers uniflores ou à grandes fleurs. Elles offrent toute une variété de formes. Elles vont des fleurs simples, ressemblant aux églantines, aux fleurs doubles. Selon les variétés, ces buissons atteignent 0,50 à 1,10 m de hauteur. Leur port est plus souple que celui des rosiers à grandes fleurs.

L'INDISPENSABLE ROSIER

Le rosier-buisson est le roi des massifs dans tous les jardins, petits ou grands.

Prévoir au moins une douzaine de plants pour obtenir un effet de masse. Préférer les plates-bandes unicolores, ou en grandes taches d'une même variété. L'effet obtenu est plus spectaculaire. Les harmonies de teintes et tailles différentes sont plus délicates à réussir. Pour composer une platebande régulière, planter sur au moins trois rangs et cinq pieds dans la longueur. Entourer les plates-bandes, régulières ou de tracé plus libre, d'une bordure basse de buis ou de petites plantes vivaces tapissantes (corbeille d'argent, petites campanules). La plate-bande peut aussi être découpée dans la pelouse.

Le rosier à massif se prête à d'autres utilisations au jardin. Le planter en bordure, sur une seule rangée, le long d'un mur, d'une

Ci-dessous : rosier ' Montana ' à fleurs doubles d'un rouge éclatant.

N. et P. Mioulane / M.A.P.

N. et P. Mioulane / M.A.P.

A. Descat / Agence Bamboo

En médaillon : rosier ' Candeur ' à fleurs doubles et au feuillage vert brillant.
Ci-dessous : rosier ' Centenaire de Lourdes '. Double, cette variété d'une belle couleur rose se montre résistante aux maladies.

allée ou d'une haie. Il a sa place dans les « mixed-border » à l'anglaise. Ces massifs associent arbustes et plantes vivaces. Le planter en petits groupes (un, trois ou cinq), comme les grandes plantes vivaces.

UNE PLANTATION SOIGNÉE

Soigner le choix de l'emplacement de ces arbustes qui restent en place de nombreuses années. Choisir une situation ensoleillée, dans un sol de jardin ordinaire, de préférence ni trop argileux, ni trop calcaire.

Planter les rosiers à raison de quatre à six pieds par mètre carré, en fonction de la vigueur de la variété retenue.

Planter les rosiers vendus en conteneur en toute saison. Éviter les périodes de gel et de forte sécheresse. Planter les plants « à racines nues » ou en motte conditionnée en période hors gel, entre l'automne et le printemps. En région tempérée, préférer une plantation d'automne (octobre-novembre). Cette période permet un meilleur développement des plantes dès la première année. Sous climat rigoureux, attendre le début du printemps (mars-avril).

Planter en terrain bien préparé et ameubli. Le trou de plantation doit être assez large et profond. Étaler les racines et placer le point de greffe juste au ras du sol. Bien arroser aussitôt après la plantation. Surveiller les besoins en eau des jeunes rosiers pendant la première saison de végétation.

LA TAILLE DES ROSIERS À MASSIF

Dans les régions à climat clément, tailler en fin d'automne. Ailleurs, attendre le début du printemps pour tailler.

Entreprendre la taille après les fortes gelées, mais avant la reprise de la végétation. Une taille précoce expose les jeunes pousses aux dernières gelées. Une taille tardive retarde la floraison.

Tailler court (à trois yeux) la première année pour stimuler la vigueur des rosiers. Par la suite, une taille des branches à quatre ou cinq yeux suffit.

Utiliser un sécateur propre et aiguisé. Couper les tiges en biseau, au-dessus d'un œil ou d'un bourgeon orienté vers l'extérieur du buisson, de façon à privilégier un port évasé.

Au bout de quelques années, ces rosiers multiflores ont souvent de nombreuses tiges. Éliminer les plus vieilles branches. En conserver cinq à sept des plus vigoureuses parmi les jeunes.

ÉLIMINER LES FLEURS FANÉES

Mener cette opération avec régularité. Elle stimule la poursuite de la floraison et évite la formation des fruits. Couper la tige au-dessus du premier œil situé en dessous du bouquet terminal.

CHOIX DE VARIÉTÉS DE ROSIERS À MASSIFS

BLANC	ROUGE
' Bordurella ' D	' Chorus ' D
' Candeur ' D	' Diablotin ' SD
	' Montana ' D
ROSE	' Sarabande ' S
' Bordure vive ' D	' Rusticana '
' Centenaire de Lourdes ' D	
' Manou Meilland ' D	JAUNE
' Nirvana '	' Bordure d'or ' D
' Sylvie Vartan ' D	' Guitare ' P

S : fleur simple ; SD : fleur semi-double ;
D: fleur double ; P: parfumée.

LES ROSIERS ARBUSTES

Le rosier arbuste se définit avant tout par la manière dont on l'utilise : isolé ou en petit groupe, en haie ou associé à d'autres arbustes. Plus grand que le rosier buisson (de 1,20 à 1,50 m de hauteur au moins), il est ramifié dès la base.

Les rosiers arbustes se différencient en plusieurs catégories selon leurs origines : espèces botaniques, variétés arbustives modernes à grand ou petit développement.

COMMENT LES METTRE EN VALEUR

Une pelouse soignée offre un cadre idéal pour mettre en valeur la floraison d'un grand rosier arbuste isolé. Selon le développement de la variété choisie, planter un, trois ou cinq sujets.

En quelques années, le jardinier obtient une floraison de belle ampleur. Un sujet ou un groupe permettent de masquer à la vue une perspective indésirable ou de dominer un massif bas de plantes tapissantes, vivaces ou annuelles.

Ils peuvent être plantés en groupe, mais c'est isolé que le rosier arbuste est le mieux mis en valeur.

La haie de rosiers seuls ou d'espèces en mélange est une autre utilisation privilégiée des rosiers arbustes. Ce type de rosier peut aussi être intégré dans un massif d'arbustes, à fleurs ou, mieux, à fleurs et feuillage décoratif.

Les feuillages persistants constituent l'écrin des floraisons tout en assurant le décor en hiver. Cette utilisation convient bien aux variétés non remontantes. Après la floraison, d'autres arbustes prennent le relais.

LES RESSOURCES DES ESPECES BOTANIQUES

Ces rosiers sauvages ont pour atouts : robustesse, rusticité, résistance aux maladies et charme des fleurs simples. L'inconvénient d'une floraison non remon-

A. Descat / Agence Bamboo

N. et P. Mioulane / M.A.P.

En médaillon : rose ' Golden wings ' jaune pâle.
Ci-contre : rosier arbuste. En quelques années, il prend une belle ampleur.

' Nevada '

A. Descat / Agence Bamboo

' Anne de Bretagne '

A. Descat / Agence Bamboo

' Golden Shower '

A. Descat / Agence Bamboo

' Pink Grootendorst '

N. et P. Moulane / M.A.P.

CHOIX DE ROSIERS ARBUSTES MODERNES

Teinte des fleurs	À grand développement (plus de 1,50 m de hauteur et d'étalement)	À petit développement (1 à 1,50 m de hauteur)
blanc	' Nevada ', S, R	
jaune	' Canary Bird ', S ' Frühlingsgold ', SD, R ' Golden Showers ', D, R, P ' Golden Wings ', S, R, P	' Lucia ', D.R.P
rose	' Pink Grootendorst ', D, R ' Sparrieshoop ', S, R, P ' Ferdy ', S, P	' Angela ' D,R ' Centenaire de Lourdes ', SD, R, P ' Lutin ', S, R ' Bonica ', D, R ' Robin Hood ', S, D, R
rouge	' Castella ', SD ' Vaire ', S ' Feu d'artifice ', R ' Anne de Bretagne ', D, R	

S = fleurs simples, SD = fleurs semi-doubles, D = fleurs doubles, R = Remontant, P = parfumé

tante est souvent compensé par une fructification décorative à l'automne. Leur développement important (plus de 2 m de hauteur et d'étalement) les destine plutôt aux grands jardins.

Rosa hugonis offre au printemps ses grandes fleurs jaunes et à l'automne ses fruits rouge sombre et son feuillage coloré. *R. alba* ' Semi-plena ' est un beau sujet à isoler, à floraison blanche. *R. moyesii* a des fleurs simples rouge géranium et de gros fruits. *R. gallica* ' Complicata ', à fleurs simples rose vif et fruits orangés, *R. Willmottiae*, à petites fleurs simples et roses, sont d'autres rosiers arbustes décoratifs.

LES ROSIERS ARBUSTES MODERNES

Ce sont les variétés arbustives issues en général de croisements entre rosiers botaniques et variétés anciennes. Elles offrent souvent une floraison remontante. Leurs fleurs présentent tous les types intermédiaires entre roses anciennes et modernes.

On distingue les variétés à grand développement (plus de 1,50 m de hauteur), proches des espèces botaniques et celles à petit développement. Ces dernières sont des intermédiaires entre rosier buisson et rosier arbuste. Elles sont réussies en petit groupe (de trois à cinq).

SOIGNER LA PLANTATION

Pour obtenir une belle floraison, planter ce type de rosier dans un emplacement dégagé et ensoleillé. Éviter les sols trop humides et trop acides.

Planter entre octobre et avril, hors des périodes de gel. Préparer l'emplacement quelques semaines à l'avance, sur une surface de 1,20 m environ pour un grand rosier arbuste.

Travailler le sol en profondeur. Y incorporer du compost ou du fumier décomposé. Creuser un trou de plantation de taille suffisante pour y loger les racines étalées. Placer au fond du trou une couche d'un mélange de terre de jardin, tourbe et engrais à décomposition lente.

Raccourcir au sécateur les racines trop longues. Les déployer au fond du trou. Couvrir de mélange enrichi. Combler le trou avec de la terre de jardin. Bien tasser avant d'arroser.

Une couche de quelques centimètres de tourbe ou d'écorce broyée étalée au pied du rosier retient l'humidité et limite le développement des mauvaises herbes.

DES ROSIERS FACILES À VIVRE

Une fois plantées, les espèces botaniques et les variétés arbustives modernes demandent peu d'entretien. La taille est simple. Il s'agit plus d'un nettoyage que d'une taille rigoureuse comme pour les rosiers buissons.

Éliminer tout bois mort, faible ou malade. Raccourcir les tiges jugées trop longues. Rabattre les tiges âgées au point de départ de nouvelles branches vigoureuses. Recouper un peu l'extrémité des tiges. Cette coupe favorise l'émission de pousses latérales.

Pour les variétés remontantes, éliminer avec régularité les fleurs fanées pendant la période de floraison. Ce procédé évite la fructification et stimule la formation de nouveaux boutons floraux.

Ces rosiers apprécient des apports d'engrais en mai et en juillet. Ils entretiennent leur floraison.

AVEC LES ARBUSTES

Par leur beauté et leur diversité, les rosiers constituent un groupe important de végétaux d'ornement. Les associer à de nombreux arbustes décoratifs.

Les espèces et variétés à port souple se marient sans difficulté avec toute sorte d'arbustes d'ornement.

LES BONNES ASSOCIATIONS

Certains rosiers buissons, surtout les formes arbustives et sarmenteuses (à longue tiges souples), s'associent bien à d'autres arbustes. Pour ce type d'utilisation, privilégier les variétés à port souple. Les variétés anciennes au port évasé et généreux conviennent à merveille. Outre leur floraison unique ou renouvelée, elles offrent souvent de belles teintes d'automne et des fruits décoratifs.

C'est le cas de ' Complicata ', aux fleurs simples parfumées rose vif, aux fruits orangé. ' Blush Noisette ', grand arbuste remontant, donne des fleurs en pompon rose pâle. Les fleurs doubles, rouges, frangées, de ' F.-J. Grootendorst ' évoquent les œillets. ' The Fairy ', petit buisson touffu, remontant, se couvre de petites fleurs rose.

Parmi les rosiers modernes, choisir des variétés à fleurs en bouquets. Les rosiers dits anglais, comme ' Gertrude Jekyll ', ' Heritage ' et ' Othello ', robustes créations récentes aux allures de roses anciennes, sont tout indiqués. Les rosiers dits paysagers sont des buissons à végétation vigoureuse. Ils demandent peu de soins. Utiliser les séries des ' Meillandécor ', ' Clos Fleuri ', ' Ferdy ' ou ' Bonica '.

UNE MISE EN VALEUR MUTUELLE

L'association rosiers et arbustes permet de composer des groupes ou massifs présentant toute l'année un intérêt décoratif. Pour constituer l'infrastructure du massif, choisir quelques arbustes à feuillage persistant. Pour les rosiers, retenir une harmonie de teintes dominantes : rose et mauve, blanc et bleu, ou encore rouge foncé avec des feuillages pourpres. Grouper les petites variétés de rosiers buissons par trois ou cinq pour obtenir une tache colorée. Les rosiers présentent souvent l'atout d'une floraison de plusieurs mois. Leur aspect hivernal est décevant. Pré-

A. Descat / M.A.P.

Ci-contre : la rose ' Gertrude Jekyll '.
Ci-dessous : massif de belles roses blanches ' Bougainvillée '.

N et P. Mioulane / M.A.P.

N. et P. Mioulane / M.A.P.

A. Descat / M.A.P.

Ci-dessus : les fleurs doubles et frangées de ' F.-J. Grootendorst ' ressemblent aux œillets.
En haut : rosier ' Robin Hood '.

voir des feuillages persistants, surtout en couvre-sol, lorsqu'ils sont placés en bordure d'allée ou de pelouse.

HABILLER LES PIEDS DES ROSIERS

Pour occuper l'espace autour des rosiers, utiliser les plantes couvre-sol, vivaces ou arbustes à port prostré, à feuillage persistant. Les placer au premier plan du massif. Employer le lamium aux nombreuses variétés panachées, l'alchémille et, parmi les arbustes, les contoneasters prostrés, conifères nains à port horizontal, le fusain ' Esmerald Gold ', le pachysandra pour les zones d'ombre.

COMMENT LES ASSOCIER

Dans un petit jardin, associer rosiers et arbustes en petits groupes isolés sur la pelouse ou adossés contre une clôture du jardin. Retenir une ou deux variétés de teintes proches ou complémentaires. Lorsque l'espace le permet, les aligner en haies libres pour séparer différentes parties du jardin.

Les rosiers sont une composante indispensable de tout grand massif associant arbustes persistants et caducs, ou arbustes et plantes vivaces. Dans un tel massif, les rosiers grimpants peuvent constituer l'arrière-plan. Les accompagner d'un petit arbre (cerisier du Japon, pommier d'ornement).

UN CHOIX D'ARBUSTES

Les espèces arbustives à feuillage persistant offrent un vaste choix. Les grands classiques sont le buis, le fusain du Japon, le laurier du Portugal et les petits conifères. Ces derniers offrent une grande richesse de teintes et de formes. Il en existe bien d'autres, comme les feuillages gris des armoises arborescentes et des santolines, le feuillage pourpre de certains berbéris, ou celui doré du choisya ' Sundance '.

La sélection des arbustes à fleurs est affaire de goût. Les choisir pour leur floraison décalée par rapport à celle des rosiers (cognassier du Japon, cerisier à fleurs, magnolia au printemps, abélia, buddléia en fin d'été). D'autres, au contraire, s'épanouissent en même temps.

Les fines fleurs des *Fuchsia magellanica*, les fleurs simples des potentilles arbustives, offrent un heureux contraste avec les fleurs doubles des rosiers.

Certains sont intéressants pour leur floraison comme pour leur feuillage : l'amélanchier ou la viorne boule-de-neige pour les grands arbustes, le romarin ou la lavande pour les petits sujets.

UN ENTRETIEN LIMITÉ

Les rosiers plantés en compagnie d'autres arbustes demandent en général peu de soins une fois plantés. Ils sont moins sujets aux maladies que les rosiers groupés en plate-bandes classiques.

Préparer le sol avant la plantation. Bêcher le terrain en profondeur. L'enrichir par des apports de matière organique, fumier ou compost décomposé. Lors de la plantation, verser au fond du trou une poignée d'engrais complet à décomposition lente (poudre d'os, corne broyée). Les années suivantes, faire un apport d'engrais « rosiers » ou « arbustes à fleurs » au printemps.

Ces rosiers associés aux arbustes se contentent pour la plupart d'une taille légère, juste avant le départ de la végétation. Éliminer le bois mort, les tiges mal placées ou en surnombre. Raccourcir d'un tiers les tiges conservées. Dans le cas des variétés remontantes, supprimer les fleurs fanées au fur et à mesure pour encourager la poursuite de la floraison.

LES ROSIERS GRIMPANTS REMONTANTS

Ces rosiers sont des plantes plus sarmenteuses que vraiment grimpantes. Leurs longues tiges, plus ou moins souples, se prêtent bien au palissage sur toutes sortes de supports.

Grands classiques parmi les rosiers, les rosiers grimpants remontants, à développement vertical, sont précieux dans le plus petit des jardins.

DES ROSIERS OBTENUS PAR HYBRIDATION OU MUTATION

On distingue parmi ces rosiers les « véritables » grimpants et les « sports » grimpants.

Les véritables grimpants sont des plantes au port naturellement sarmenteux, issues de travaux d'hybridation. Ils ont de petites fleurs en bouquets ou de grandes fleurs, sont remontants ou ne donnent qu'une seule floraison, éblouissante.

Les « sports » ou « climbing » ont pour origine des rosiers buissons qui, à la suite d'une mutation spontanée, ont pris une forme sarmenteuse. Leurs fleurs

1

Agence Bamboo/A. Descat

ROSIERS GRIMPANTS REMONTANTS

La lettre P indique que la rose est parfumée ; R indique une bonne résistance aux maladies.

BLANC

' Climbing Virgo '
' Mme Alfred Carrière '

ROUGE

' Grimpant Crimson Glory ' P
' Iskra ' R
' Grimpant Diablotin '
' Danse du Feu '
' Red Parfum ' P

JAUNE

' Gloire de Dijon ' P
' Mermaid ' R (sensible au froid)
' Grimpant Landora '
' Mme P.S. du Pont '
' Parure d'Or '

2

Agence Bamboo/A. Descat

ROSE

' Haendel '
' Grimpant Michèle Meilland '
' Zéphirine Drouhin ' P
' Pierre de Ronsard '
' Belle de Londres '
' New Dawn ' P

1. *' Climbing Mme P.S. du Pont '*
2. *' Zéphirine Drouhin '*

ont les mêmes caractéristiques que celles de la variété d'origine, hybride de thé ou floribunda, et la plante garde le même nom, précédé de « climbing » ou « grimpant ». C'est le cas de ' Grimpant Delbard ' ou ' Climbing Madame Pierre S. du Pont '. Ces « sports » sont en général moins vigoureux que les grimpants « véritables ».

HABILLER MURS ET PERGOLAS

Les rosiers grimpants peuvent décorer toute façade ou mur bien ensoleillé. L'ouest et l'est sont les expositions à privilégier. Le sud est à éviter dans les régions chaudes, à moins que le rosier bénéficie d'un léger ombrage. Exposé au nord, il a une floraison moins éclatante.

Les rosiers grimpants sont aussi précieux pour dissimuler un arbre mort, garnir de fleurs une arche enjambant une allée ou recouvrir une pergola. Dans les roseraies, ils sont indispensables aux côtés des rosiers buissons. Leurs supports sont alors des colonnes, des tonnelles ou encore des piquets reliés par des chaînes.

CHOISIR LE SUPPORT

Pour habiller un mur, deux solutions sont possibles : treillage à grandes mailles ou fils de fer tendus horizontalement. Espacer les fils de fer de 30 à 40 cm, le plus bas étant environ à 60 cm du sol. Cette solution permet d'épouser avec précision les contours du mur. Sceller des pattes sur une hauteur suffisante. Ensuite, tendre des fils au fur et à mesure du développement du rosier.

LES PLANTER COMME LES AUTRES ROSIERS

Préparer un trou de plantation assez grand pour y étaler les racines, assez profond pour que le bourrelet de greffe soit juste à la surface du sol. Laisser un espace de 20-30 cm entre le mur ou le support et le bord du trou.

« Habiller » les rosiers livrés racines nues : raccourcir les tiges et les racines. Le pralinage facilite la reprise des racines nues. Il consiste à tremper celles-ci dans un mélange d'eau, de terre argileuse et d'hormones d'enracinement. Il existe dans le commerce des « pralins » prêts à l'emploi après addition d'eau.

Diriger toutes les racines du rosier grimpant vers l'extérieur, c'est-à-dire à l'opposé du mur ou support. Lier les tiges disposées en éventail au support par des liens lâches au fur et à mesure de leur croissance.

En cas de plantation de plusieurs rosiers grimpants, espacer les plantes de 1,50 à 2 m, selon le développement de la variété choisie.

LES TAILLER

La taille s'effectue dans les régions à climat doux en fin d'automne, ailleurs en fin d'hiver ou en début de printemps.

Commencer par éliminer le bois mort, les tiges faibles. Rabattre ensuite au niveau d'une ramification vigoureuse les tiges principales et à la base une vieille branche qui ne donne plus de pousses. Raccourcir d'environ un quart de leur longueur les ramifications principales. Les palisser horizontalement pour stimuler la floraison. Tailler à trois yeux les ramifications secondaires.

LES ENTRETENIR

Ces rosiers sont peu exigeants, sauf la première année. Arroser seulement en cas de sécheresse. Un apport d'engrais en fin d'automne suffit pour l'année.

Dès le printemps, surveiller le feuillage et les boutons floraux pour détecter toute attaque de parasite ou maladie.

L'été, la principale opération d'entretien est l'élimination des fleurs fanées. Elle stimule la poursuite de la floraison. Couper la tige de la rose (ou du bouquet) au-dessus d'un œil bien formé.

LES HELLÉBORES, DES ROSES AU CŒUR DE L'HIVER

Les hellébores, appelés aussi roses de Noël, ont été très en vogue à la fin du XIXe siècle. Ils séduisent de nouveau les jardiniers ces dernières années. Les Anglais ont créé des variétés aux couleurs très contrastées, du jaune citron au pourpre sombre.

Vraies vedettes du jardin en hiver, les hellébores l'égaient de leurs couleurs raffinées malgré la pluie, la neige ou le froid.

LUMIERE TAMISÉE ET FRAICHEUR DE SOL

Les hellébores sont des plantes de lisière de forêt. Ils apprécient un sol toujours frais, ni sec ni trempé, humifère. Ils aiment la mi-ombre ou le soleil diffus, derrière les arbres, par exemple. Si le sol n'est pas assez riche, apporter du fumier décomposé ou du terreau à la plantation. Renouveler l'opération chaque automne. Pendant la période de végétation, pulvériser un engrais foliaire pour obtenir des touffes très fortes en deux ou trois saisons.

Une fois installées, les roses de Noël détestent le changement. Les associer à des plantes bulbeuses à floraison hivernale et à des arbustes à écorce colorée ou à fructification remarquable.

LA MULTIPLICATION

Le semis donne de bons résultats. Lorsque les graines sont mûres, en fin de printemps ou en début d'été, les semer en caissettes sous châssis froid. Utiliser un mélange à part égale de sable et de terreau. Repiquer les plantules en godet au printemps suivant. Mettre en place les jeunes hellébores à l'automne. *Helleborus orientalis* peut être semé en place. En sol fertile et bien arrosé, les roses de Noël fleurissent de deux à trois ans plus tard.

Diviser les touffes fournies dans les semaines qui suivent la floraison. C'est le seul moyen de multiplier les hybrides. Ils donnent ainsi une descendance fidèle. Les éclats de touffes demandent de un à deux ans pour s'installer et fleurir en abondance.

LES VRAIES ROSES DE NOEL

Si l'appellation rose de Noël est attribuée à tous les hellébores, ce sont les espèces orientales qui en sont à l'origine. Ces plantes ont des fleurs de grande taille qui s'épanouissent à 10 ou 20 cm du sol. Le feuillage persistant, vert sombre, est très découpé. Il peut

Helleborus orientalis *peut être semé directement en place. Il fleurit de janvier à mars. Ses feuilles sont persistantes.*

A. Descat / Agence Bamboo

N. et P. Mioulane / M.A.P.

A. Descat / Agence Bamboo

Ci-dessus : Helleborus foetidus *est le plus vigoureux des hellébores. Ses feuilles ont plus de 20 cm de large.*
Ci-contre : Helleborus x nigelicors.

constituer un véritable couvre-sol lorsque la plantation est dense.

Helleborus niger, l'hellébore noir, est l'espèce la plus répandue. Les fleurs sont simples, larges de 5 à 7 cm, blanches, crème ou rosées, avec une couronne d'étamines dorées. Elles s'épanouissent dès le mois de décembre. Pour les bouquets de fête, recouvrir les fleurs d'une cloche de verre lorsqu'elles sont encore en bouton. Aucune pluie, aucune neige et peu de limaces risquent ainsi de les abîmer. Les fleurs coupées ont une bonne tenue en vase.

' White Magic ' et ' Potter's Wheel ' sont des sélections horticoles à fleurs tardives, rondes et au cœur vert tendre. Leur installation dans le jardin est parfois délicate. Conserver un sol frais et riche en situation ombrée.

Helleborus orientalis est originaire de Grèce et d'Asie Mineure. Les fleurs sont plus petites que celles de l'espèce précédente, mais plus colorées. La gamme des coloris est variée, du crème moucheté au cramoisi en passant par le rose et le blanc pur.

La floraison apparaît de janvier à mars. Elle atteint de 30 à 50 cm de hauteur. La culture est facile en ombre ou mi-ombre. Les touffes s'épaississent au fil des ans pour former un tapis de fleurs, puis de feuilles.

Associer ces hellébores à des arbustes à floraison hivernale : *Hamamelis mollis* à fleurs jaunes ou rouges, chimonanthus à fleurs odorantes jaune pâle. L'écorce rouge sang des cornouillers (*Cornus sanguinea*) met en valeur les roses de Noël.

LES HELLÉBORES CADUCS

Ils ressemblent aux précédents, mais leur feuillage est caduc.

Helleborus viridis, l'hellébore vert, une espèce d'une trentaine de centimètres, fleurit vert jade. Son feuillage, très décoratif, constitue un bon couvre-sol en plantation dense : dix plantes au mètre carré.

Helleborus purpurescens est d'un format identique, à feuilles presque laciniées. Les fleurs, penchées, offrent de beaux coloris marron à l'extérieur et vert à l'intérieur.

Planter ces deux espèces dans un tapis d'hépatiques à fleurs blanches ou pourpres.

LES PLUS GRANDS HELLÉBORES

Quelques espèces offrent à la fois un feuillage persistant de grande envergure et une belle floraison. Ces plantes atteignent une soixantaine de centimètres de haut dans l'année. Les tiges, qui ont fleuri, disparaissent au printemps. Elles laissent place à de nouvelles pousses vigoureuses. Trois espèces sont cultivées dans les jardins.

Helleborus foetidus, l'hellébore fétide, se trouve à l'état spontané dans les terrains calcaires jusqu'à plus de 1000 m d'altitude. C'est le plus vigoureux des hellébores. Il est aussi le plus décoratif avec ses larges feuilles palmées de plus de 20 cm de large, d'un vert franc brillant. Il offre une panicule de clochettes vert pâle à liseré pourpre du mois de janvier au mois de mars. Sa culture ne pose aucun problème : à l'ombre comme au soleil, sur sol frais comme sur sol sec !

Helleborus corsicus, l'hellébore de Corse, est un cousin du précédent. Il pousse en montagne et reste rustique dans le reste de la France. Les feuilles sont divisées en trois larges lobes. Leur couleur vert amande contraste avec la floraison vert vif.

Helleborus lividus, l'hellébore livide, est originaire des îles Baléares. Les feuilles sont striées d'argent, ses fleurs vertes à liseré rose. Protéger les pieds dans les régions à climat rude

La plupart des espèces d'hellébores s'hybrident. Avec un peu de patience et de goût, le jardinier peut obtenir de nouvelles variétés.

ROSIERS POUR RÉGION FROIDE OU CLIMAT DOUX

Le froid de l'hiver, les périodes de canicule estivale et l'humidité atmosphérique ont une influence sur la croissance des rosiers. Les variétés récentes de rosiers buissons et de rosiers grimpants sont dans leur grande majorité rustiques en toute région. En revanche, certaines variétés anciennes réussissent mieux sous un climat clément ou aiment les hivers marqués.

Pour une région donnée, il est important de connaître les espèces et les variétés de rosiers les mieux adaptées aux caractéristiques locales.

LES ESPÈCES D'ORIGINE

Les espèces botaniques de rosiers à l'origine des variétés cultivées viennent pour la plupart d'Europe ou d'Asie. Elles présentent des degrés de rusticité bien différents. Ainsi, *Rosa rugosa,* originaire de Sibérie, et *R. fedtschenkoana,* originaire d'Asie centrale, présentent une rusticité à toute épreuve. Elles peuvent être plantées dans les régions les plus froides d'Europe. D'autres, comme *R. lævigata* et *R. bracteata,* originaires du sud de la Chine, ou comme *R. banksiæ,* originaire de l'ouest de la Chine, sont au contraire des espèces délicates. Les réserver aux climats doux. Elles fleurissent dans le sud de la France.

Parmi les grands groupes de rosiers anciens, il existe des différences de rusticité. Les rosiers galliques et les rosiers *alba,* aux fleurs parfumées, sont rustiques en toute région. Les rosiers de Chine et les rosiers thé, originaires de Chine et ancêtres des rosiers à floraison remontante, ont été introduits plus tard. Ils ont marqué l'apparition d'une génération présentant une moindre résistance au froid. Ces rosiers se plaisent dans les régions méditerranéennes et en Californie.

Les espèces ayant donné naissance aux premiers rosiers grimpants manquent parfois de rusticité. Le rosier sarmenteux *Rosa sempervirens,* à longues tiges souples, d'origine méditerranéenne, est peu rustique, de même que sa descendance. *R. wichuraiana,* espèce résistante au froid, a donné des rosiers grimpants plus ou moins rustiques, selon les autres variétés ou les autres espèces utilisées dans les croisements.

Ci-dessous : floraison du rosier ' Mermaid ' x bracteata.
En médaillon : Rosa rugosa *est l'un des principaux ancêtres des rosiers cultivés.*

N. et P. Mioulane / M.A.P.

LE RÔLE DÉTERMINANT DU PORTE-GREFFE

Les variétés modernes de rosiers sont greffées sur des espèces botaniques. Le choix du porte-greffe a beaucoup d'importance

A. Descat / M.A.P.

N. et P. Mioulane / M.A.P.

A. Descat / M.A.P.

Ci-dessus : la superbe floraison blanc ourlé de rose du cultivar ' Princesse de Monaco '.
Ci-contre : Rosa gallica ' Président de Sèze '.
En haut, à gauche : ' Félicité '.

dans l'adaptation du rosier au type de sol et au climat. L'églantier *Rosa canina* et ses variétés sont souvent utilisés comme porte-greffes pour leur rusticité et leur bon comportement en sol fertile ou calcaire. *R. multiflora* est mieux indiqué en sol acide ou sablonneux. Dans le midi de la France, on utilise surtout comme porte-greffe *R. indica major*, bien adapté au climat.

DES VARIÉTÉS POUR LES RÉGIONS MÉRIDIONALES

Certaines variétés de rosiers grimpants ou arbustifs sont tout à fait indiquées pour les régions méridionales. Le feuillage de ces variétés peu rustiques persiste parfois en hiver sous climat doux. Dans ces conditions, leur floraison peut même remonter.

' Mermaid ', un rosier grimpant, remontant et à feuillage persistant sous les climats doux, montre de grandes fleurs simples, parfumées et de couleur jaune pâle. ' Gloire de Dijon ', à fleurs doubles de couleur abricot, et ' Maréchal Niel ', à fleurs doubles, jaunes et parfumées, se plaisent aussi dans ces régions, ainsi que ' Félicité ' et ' Perpétue ', à grosses fleurs blanches et parfumées. Parmi les rosiers buissons modernes à grandes fleurs, ' Princesse de Monaco ', aux fleurs parfumées blanc crème ourlé de rouge rosé, et ' Bettina ', à fleurs orange saumoné, sont bien adaptés aux régions méridionales.

LES RÉGIONS ATLANTIQUES : UN CAS PARTICULIER

Les régions côtières présentent au printemps et en été une pluviométrie abondante. En conséquence, éviter les variétés de rosiers que la pluie abîme ou décolore, comme les rosiers buissons ' Grand Siècle ', ' Jardins de Bagatelle ', ' Maria Callas ', ' Sissi ' ou ' Fée des Neiges '.

Au contraire, ' Cappa Magna ', rouge velouté, ' Sarabande ', à fleurs simples rouge orangé, et ' Rêverie ', orange saumoné, résistent bien aux intempéries.

UNE GRANDE RUSTICITÉ POUR LES RÉGIONS FROIDES

Pour les régions à hivers rudes, rechercher des variétés rustiques. Parmi les plus résistantes, choisir ' Stéphanie de Monaco ', rosier buisson à grandes fleurs parfumées rose satiné, ' Landora ', à grandes fleurs jaune soutenu, ' Bonica ', rosier arbuste non remontant, aux fleurs doubles d'un rose doux, ' Sparrieshoop ', rosier arbuste remontant, aux fleurs rose vif parfumées, ou ' Rusticana ', buisson à fleurs en bouquets, vermillon orangé. ' Rouge Meillandécor ' est un rosier couvre-sol résistant au froid, aux tiges retombantes et aux nombreuses fleurs simples rouges à cœur blanc.

TENIR COMPTE DES CONDITIONS CLIMATIQUES

Dans les régions à climat doux, procéder à la plantation en automne (novembre ou décembre). Les rosiers ont ainsi le temps de s'acclimater avant leur première saison de floraison. Sous climat rigoureux, attendre la fin des périodes de fortes gelées, en mars, pour planter.

Procéder de même pour la période de taille. Dans les régions à hivers doux, tailler en fin d'automne. Les rosiers rabattus sont moins sensibles au vent. Ils entrent en croissance dès les premières belles journées de printemps. En région froide, attendre le début du printemps pour tailler. Couvrir le pied des variétés sensibles au froid avec un paillis de feuilles sèches.

LES ROSES
DANS LE JARDIN

DES ROSIERS POUR HAIES

Plusieurs rosiers, fondus dans le paysage, permettent de reculer les limites du jardin. Ils constituent une clôture infranchissable par les rôdeurs.

Le « rosier à odeur de pommes », particulièrement réputé, est cultivé en Europe depuis le XVIIe siècle. Ses longues tiges arquées (2 m à 3,50 m) et enchevêtrées sont armées d'aiguillons crochus. Sa floraison a lieu en juin ; ses petites fleurs ont cinq pétales d'un rose tendre et des étamines dorées. Ses fruits rouges font d'excellentes confitures.

Son feuillage embaume après la pluie. Le planter en espaçant les pieds de 1 m à 1,25 m. Le tailler à la cisaille.

DES ROSES SIMPLES AU FEUILLAGE TOUJOURS SAIN

L'églantier japonais, *Rosa rugosa*, est reconnaissable à son feuillage gaufré, épais, vert pâle, au dessous duveteux. Ses longues tiges sont pourvues d'aiguillons fins et droits. On dirait des soies. Ses fleurs, rouges ou blanches, se succèdent tout l'été, suivies de gros fruits ronds couleur de tomate.

Il est facile de clôturer le jardin par des rosiers vigoureux, beaucoup plus fleuris qu'autrefois.

Sa préférence pour les sols sableux, sa résistance aux embruns le recommandent comme haie libre (de 0,90 à 1,20 m de haut). Le planter sur deux rangs distants de 80 cm ; espacer les pieds d'environ 1 m.

Ses hybrides sont très nombreux. Fru Dagmar Hartopp, de couleur rose, à étamines jaunes, fleurit tout au long de l'été, jusqu'à ce qu'apparaissent de gros fruits cramoisis. Schneezwerg a des fleurs à deux ou trois rangs de pétales d'un blanc immaculé, à étamines ivoire. Ses fruits sont orangés.

UNE HAIE DE ROSES PARFUMEES

Les jardins de l'île de la Réunion, au XIXe siècle, étaient ceints de rosiers. Leurs graines, envoyées en France, ont donné des varié-

Agence Mise au point

J.-C. Mayer-G. Le Scanff

Ci-dessus : durant l'hiver, l'églantier japonais offre le décor de ses fruits.
Ci-contre : le superbe rosier Schneezwerg aux belles fleurs roses.

O.T.G.

tés de roses Bourbon, très parfumées : le Commandant Beaurepaire, aux fleurs très fournies en pétales carmin, striés de pourpre, a de longues tiges arquées et épineuses (1,50 m à 2,50 m), garnies de feuilles jaunes, ondulées, pointues. Ce rosier refleurit en fin d'été. Le planter en espaçant les pieds d'environ 1 m. Le tailler à l'automne pour éviter l'enchevêtrement des rameaux.

Les rameaux flexibles du rosier Gruss an Teplitz s'alourdissent de grappes rouges cramoisies. Pour constituer une haie libre de 1,50 m de haut, le planter sur un rang en espaçant les pieds

Ci-dessus : une haie de rosiers bordant une allée en graviers. Ci-dessous : une haie de Centenaire de Lourdes.

de 1,20 m. Tailler à mi-hauteur en mars. Supprimer les fleurs fanées en octobre.

UNE HAIE FLEURIE TOUT L'ETE

Le rosier Wilhelm est fleuri abondamment, jusqu'en septembre, de bouquets de petites fleurs rouge sang. Ses fruits, rouge orangé, tiennent tout l'hiver. Espacer les pieds de 1,20 m.

S'ils sont plus florifères que ceux de jadis, les rosiers d'aujourd'hui gardent la même santé de feuillage : Centenaire de Lourdes croule sous une masse de fleurs roses en bouquets ; la douceur du coloris rose est offerte par Yesterday, au feuillage couleur bronze, aux fleurs d'un rose vif virant au rose lavande.

Ces dernières années, de superbes masses colorées sont apparues : Rush est un grand buisson ouvert en éventail et couvert tout l'été de grandes églantines rose pâle ; la floraison de Sevillana, rouge, est superbe.

LA PLANTATION

Elle nécessite beaucoup de soins. Planter en situation ensoleillée. Un mois auparavant, creuser une tranchée de 60 cm de profondeur et de 30 cm de large. Au moment de la plantation, mélanger à la terre de surface du terreau, du compost et de l'engrais. Placer les greffes en direction de la clôture. Tasser la terre avec le pied. Arroser, pendant les deux années suivantes, en période sèche.

LA TAILLE

Au mois de mars, pour former la haie, supprimer la moitié du bois. Répéter l'opération pendant deux ans. Se contenter, par la suite, d'éliminer les tiges mortes ou abîmées.

Une fois plantés, les rosiers demandent peu de soins et offrent un superbe décor six mois par an.

Agence Mise au point

le conseil

DE NICOLAS LE JARDINIER

Qui dit « haie » dit souvent « taille » rigoureuse et au cordeau. Le rosier échappe à cette contrainte, déborde, éclabousse de fleurs, jaillit, retombe en cascade colorée et parfumée. Pour durer longtemps, le rosier exige chaque année une fertilisation de qualité (novembre-décembre).

ASSOCIER ROSES ET FLEURS

Marier les rosiers à d'autres plantes, vivaces et arbustives, permet de créer des scènes originales et pleines de charme.

La reine des fleurs domine les autres plantes dans les chiffres de vente des jardineries et pépinières. Elle colore et parfume la saison estivale.

Les variétés modernes proposent un si vaste choix de formes et de coloris que la sélection, parmi les milliers de possibilités, est embarrassante.

Les associer avec des espèces vivaces ou de petits arbustes ajoute charme et originalité au jardin. Une plantation bien composée et réfléchie permet d'utiliser au mieux le terrain. De multiples combinaisons permettent de profiter d'un décor permanent.

LES ROSES ET L'HIVER

Après le nettoyage nécessaire en fin de saison, les rosiers montrent des tiges raides sans intérêt. On voit la terre entre les plantes. L'installation d'un couvre-sol persistant est conseillée. Choisir des sujets ras comme *Euonymus repens*, *Saxifrage umbrosa,* thym rampant, œillet mignardise, aspérule, aubriette, arméria, arctostaphyllos, lamium, *Ajuga reptans*, acæna. Un conifère ras convient aussi, comme certains *Juniperus* (genévrier).

De ce tapis bas jaillissent quelques touffes de bulbes à floraison printanière. Les planter en fin d'automne.

LES ROSES ET LE PRINTEMPS

L'éclosion des bourgeons permet un décor plus coloré. Pratiquer une taille sévère fin février, début mars. Elle concentre la sève sur les futures pousses, qui portent les fleurs de l'été. Les rosiers-buissons taillés courts disparaissent presque au milieu des narcisses ou des muscaris, des campanules des murs, des aubriettes roses ou mauves, de la céraiste blanche et grise.

Les tiges poussent avec l'avancement de la saison. Les bourgeons s'ouvrent en petites feuilles vert pâle ou rougissantes. Courant mai, les premiers bourgeons s'ouvrent. Ils supportent la compagnie colorée des géraniums vivaces, des ancolies basses, des œillets mignardise, des phlox rampants, de l'alchemille jaune Pernod.

Éviter le mélange des espèces. Sélectionner des variétés aux coloris en camaïeux si les roses sont précoces.

LES ROSES ET L'ÉTÉ

C'est la couleur des roses qui dirige le choix de la plante compagne. Les tonalités blanches ou pastel aiment la compagnie des feuillages gris.

N. et P. Mioulane / M.A.P.

Ci-contre : du blanc rosé au mauve profond, une délicate association de roses et de delphiniums.

N. et P. Mioulane / M.A.P.

N. et P. Mioulane / M.A.P.

Ci-dessus : superbe et saisissant contraste du rosier ' Europeana ' et de Lilium candidum.
Ci-contre : rosier et Salva nemorosa.

Les rosiers sont le plus souvent plantés en plein soleil, en sol moyen ou lourd. Trouver des espèces vivaces ou arbustives pour cohabiter dans de telles situations. Si les rosiers sont installés le long d'une haie ou en massif appuyé sur un mur, inscrire des espèces hautes dans la plantation. Elles allègent la silhouette du massif et lui donnent hauteur et relief.

Fin juin-début juillet, *Crambe cordifolia* ressemble à une énorme touffe de gypsophile. Elle monte à 2 m de haut. Elle forme un nuage de petites fleurs en brouillard blanc pur partant de solides feuilles en cœur.

Cynara cardunculus, un cardon décoratif, porte un feuillage d'artichaut plus découpé et gris argenté. Des inflorescences d'un superbe bleu s'étalent sur tout l'été de 1,50 m à 1,80 m de haut.

L'association roses-delphiniums (de 1 m à 1,50 m) est classique et spectaculaire. Les delphiniums déclinent une gamme de bleus des plus foncés aux plus clairs. Au centre de chaque fleuron se trouve un œil blanc ou noir. La variété ' Galahad ', blanc pur à œil blanc, se marie à toutes les couleurs de roses. Les digitales sont de bonnes compagnes pour les rosiers, surtout les variétés anciennes ou botaniques assez précoces.

Dans la gamme des verts légers, le fenouil aromatique apporte la finesse de ses plumets feuillus. On le trouve en variété ' Bronze ' ou ' Purpureum '.

ASSOCIER AUX ESPÈCES DE TAILLE MOYENNE

Marier les roses à des espèces vivaces de taille moyenne ou basse, à floraison simultanée.

Les géraniums vivaces développent des feuilles graphiques et une floraison légère. Ils proposent de subtiles nuances de rose, de bleu, de nacré ou de blanc veiné.

Le monde des campanules est séduisant pour ses blancs et ses bleus vifs. La campanule des murs, aux clochettes à ras de terre et au feuillage persistant, est intéressante l'hiver. La campanule des Carpates est plus fugace. L'associer à des œillets mignardise aux feuilles grisées et à la floraison généreuse et parfumée en juin-juillet. La campanule à feuille de pêcher, aux tiges plus hautes, monte à 1,20 m. Les grosses touffes de gypsophile forment un écrin de finesse plein d'élégance en milieu de massif.

L'oreille d'ours (*Stachys lanata*) résiste dans les terres sèches, en plein soleil. Ses feuilles duveteuses grisées sont douces et veloutées. Si les rosiers sont grimpants, les marier à des clématites. Leur feuillage léger s'enroule sur les tiges de rosiers. Pour un coin de senteurs, réunir rosiers, seringat, chèvrefeuille, lavande, lis blanc, thym rampant. Autre choix spectaculaire : un massif de roses surmonté par des rosiers-tiges de même variété.

LES ASSOCIATIONS AUTOMNALES

Le choix se restreint. Retenir les asters bas ou hauts en veillant à choisir une nuance adaptée. L'anémone du Japon s'allie aux rosiers à fruits rouges et oranges. Les graminées aux fins plumets prennent le relais du décor jusqu'à l'hiver.

LES ROSACÉES

Avec cent sept genres et trois mille cinq cents espèces, la famille des Rosacées est une des plus importantes sur le plan horticole.

Pommier, poirier, prunier, pêcher, cerisier, framboisier et beaucoup d'autres espèces comestibles appartiennent à cette famille.

UNE FAMILLE RÉPANDUE

Les Rosacées sont des plantes cosmopolites. On les rencontre plus volontiers dans l'hémisphère nord. Leur origine remonte au Crétacé.

Ce sont des herbes annuelles ou vivaces, souvent rampantes (potentille, fraisier, duchesnéa), des arbustes ou des arbres épineux (rosier, prunellier).

Les feuilles alternées sont pourvues de stipules. Ces excroissances feuillées ou écailleuses, situées sur la base du pétiole, sont une caractéristique de la famille des Rosacées.

Les fleurs sont régulières. Elles ont cinq cépales, cinq pétales et de nombreuses étamines. Sur le plan botanique, les Rosacées sont proches des Légumineuses, des Crassulacées et des Saxifragacées.

La famille des Rosacées est celle des gourmands et des poètes. Elle regroupe les fruits les plus savoureux du verger et quelques-uns des meilleurs arbustes d'ornement.

UNE CLASSIFICATION COMPLEXE

Les formes des carpelles (organes reproducteurs), du réceptacle et du fruit ont conduit les botanistes à diviser la famille des Rosacées en cinq sous-familles et cinq tribus. Ces dernières sont une subdivision de la sous-famille complexe des Rosoïdées.

- Les Spiræoïdées comportent les Spirées (cent espèces) et la barbe de bouc (*Aruncus*, une espèce).
- Les Pomoïdées regroupent les arbres fruitiers à pépins : pommier (*Malus*), poirier (*Pyrus*), cognassier (*Cydonia*), néflier (*Mespilus*). D'importantes plantes ornementales font aussi partie de cette sous-famille : les cotonéasters (une vingtaine d'espè-ces), aubépines (*Cratægus*, cinquante espèces), amélanchiers (six espèces), *Photinia* (quarante espèces), *Pyracantha* (six espè-ces), sorbiers (quatre-vingt-cinq espèces), cognassier du Japon (*Chænomeles*, trois espèces).

A. Descat / M.A.P.

N. et P. Mioulane / M.A.P.

Ci-contre : Prunus subhirtella.
En médaillon : les fleurs blanches à quatre pétales, caractère exceptionnel chez les Rosacées, de Rhodotypos scandens.

• Les Rosoïdées constituent le groupe le plus important. Il est divisé en cinq tribus.

Les Kerriées regroupent les genres *Kerria* et *Rhodotypos*, chacun avec une seule espèce. Ce sont des arbustes ornementaux appréciés.

Les Potentillées comprennent les potentilles (trois cents espèces), les ronces (*Rubus*, deux cents espèces), les fraisiers (*Fragaria*, huit espèces), les benoîtes (*Geum*, quarante espèces).

La tribu des Filipendulées est consacrée au genre *Filipendula*. Parmi ses dix espèces figure la reine des prés.

Les Sanguisorbées sont consacrées aux alchémilles (cent espèces) et aux *Poterium* (trente espèces), auxquels est rattaché l'ancien genre *Sanguisorba*.

N. et P. Mioulane / M.A.P.

Les Rosées regroupent les cent espèces de roses et leurs milliers d'hybrides.

• Les Neuradoïdées sont les moins connues. Elles sont représentées par deux espèces du genre *Neurada* (petites plantes méditerranéennes poussant dans les zones arides) et par les *Grielum* et les *Neradopsis* (espèces désertiques d'Afrique du Sud).

• Les Prunoïdées sont nombreuses, avec le genre *Prunus* (quatre cents espèces). Il regroupe les arbres fruitiers à noyau : abricotier, prunier, pêcher, cerisier, amandier, et de beaux arbres d'ornement à fleurs et au superbe feuillage automnal (cerisier et prunier du Japon). Parmi les *Prunus* se trouvent aussi le laurier cerise (*Prunus laurocerasus*) et le laurier du Portugal (*Prunus lusitanica)*, plantes appréciées dans les haies.

DES PLANTES DU NORD

Les Rosacées sont mieux représentées dans l'hémisphère nord que dans les contrées tropicales. Les plus cultivées sont presque toutes originaires d'Eurasie.

La rose est une plante d'Asie Mineure. Outre l'intérêt qu'elle représente pour les jardins d'amateurs, elle recouvre un secteur économique important. Beaucoup de progrès dans l'amélioration variétale par hybridation ont été réalisés grâce aux recherches sur les roses. Sa fragrance est transformée en essence de rose. Il faut de 4 à 6 t de pétales pour obtenir 1 kg de ce précieux extrait.

Parmi les Rosacées orientales figurent aussi le cognassier d'Iran et du Turkestan, et le néflier. Ce dernier provient d'Asie Mineure. Beaucoup de Rosacées sont naturalisées. Certaines sont indigènes. C'est le cas du fraisier, de la mûre (ronce) et de l'aubépine.

DES PROPRIÉTÉS OFFICINALES

Certaines Rosacées sont utilisées pour leurs propriétés officinales. L'aigremoine (*Agrimonia eupatoria*) est aussi appelée herbe de la Saint-Guillaume. Cette petite plante à fleurs jaunes est commune dans les bois et dans les haies. Ses feuilles et ses fleurs contiennent des principes astringents.

Cette propriété est commune à beaucoup de Rosacées. On l'emploie contre les troubles digestifs et intestinaux. La décoction s'obtient avec 100 g de plantes par litre d'eau.

La plupart des Rosacées sont rustiques et adaptées à l'usage dans les jardins d'amateurs. Leur sensibilité aux maladies est importante. Le feu bactérien, affection spécifique à cette famille, a fait d'énormes ravages chez les aubépines, pyracanthas et poiriers. De nouvelles variétés résistantes commencent à apparaître.

N. et P. Mioulane / M.A.P.

En haut : poirier.
Ci-dessus : Potentilla repens, *jolie plante vivace, décorative, à utiliser en plate-bande et rocailles.*

le commentaire

DE NICOLAS LE JARDINIER

La rose est l'emblème des Rosacées. Sa famille est l'une de celles dont le dessinateur et l'artiste s'inspirent. De tout temps, le dessin des végétaux fut utilisé dans la décoration : le palmier chez le pharaon, l'acanthe à Rome et le lys chez le roi de France.

LES ROSES ET LES CLÉMATITES

Tous les jardiniers rêvent de clématites. Leur pousse vigoureuse, alliée à une grande valeur décorative, les rend incomparables.

La popularité des clématites vient des hybrides à grandes fleurs et à pousses vigoureuses. Des hybrides d'autres catégories ont aussi une grande valeur ornementale. Il existe en outre des espèces sauvages de grande qualité. Plusieurs espèces grimpent à 15 mètres de haut sans effort.

ELLES VIENNENT DU MONDE ENTIER

Les clématites prospèrent sur tous les continents, à l'exception des régions antarctiques. On en trouve du sud de l'Afrique à la Chine, de l'Amérique à la Nouvelle-Zélande en passant par l'Europe. Ce sont des cousines de la renoncule et de l'hellébore. Elles sont l'une des rares représentantes de la famille des Renonculacées à posséder du bois. Beaucoup d'espèces sont de petite taille ou dotées de fleurs insignifiantes. Les espèces grimpantes s'accrochent en tournant en vrille une partie de leurs feuilles composées. Les espèces et les variétés intéressantes appartiennent au groupe des buissons bas, des grimpantes courtes ou des géantes. On remarque aussi quelques persistantes. Les hybrides à grandes fleurs sont divisés en deux groupes correspondant à leur végétation et à leurs exigences.

DES BUISSONS EN POT ET EN BORDURE

La plus courte des espèces de jardin est *Clematis integrifolia*. Elle fournit au printemps des tiges de 40 cm de long. Elle se couronne en juin et juillet de grandes fleurs inclinées. C'est en rocaille, au bord d'un muret, qu'elle trouve sa place. La mêler à des fleurs blanches ou jaunes. Les tiges disparaissent en hiver.

Plus souple, *Clematis macropetala* produit des tiges de 50 à 70 cm de long, au fin feuillage découpé. Les fleurs étirées comportent un cœur double. Elles existent en bleu, violet, rose ou lavande. Pour la mettre en valeur, la planter dans une grande jarre qu'elle festonne en retombant.

Pour la bordure, *C. heracleifolia* convient à merveille. Ce buisson de 60 cm de hauteur, aux grandes feuilles dentelées, porte des fleurs bleues en été. Préférer

A. Descat M.A.P.

N. et P. Mioulane M.A.P.

En médaillon : les fleurs rose carné, groupées par trois ou cinq, de Clematis montana *' Freda '. Ci-contre : la superbe floraison bleu nuit de* Clematis macropetala.

la variété ' Davidiana '. Plus colorée et spectaculaire, elle montre des fleurs bien dégagées de l'important feuillage.

La plus grande de toutes ces espèces est *Clematis recta*. Seul le cœur de la souche est ligneux. Elle donne au printemps une masse de tiges vigoureuses et herbacées. Ces dernières montent jusqu'à 2 m et se couvrent durant trois semaines, en juin, de nuages de fleurs blanches. Pour les plates-bandes herbacées, choisir la forme ' Purpurea ', aux feuilles pourprées.

DES JOYAUX SOUS LES YEUX

Parmi les vraies clématites grimpantes, deux espèces et leurs variétés atteignent de 2 à 2,50 m de haut au maximum. Leurs tiges disparaissent en grande partie l'hiver, ce qui explique cette petite taille.

La plus étonnante est *Clematis florida*. La forme ' Sieboldii ' montre de grandes fleurs en étoiles blanches, à reflets verts et portant au cœur une étoile améthyste. On en trouve depuis peu une admirable forme blanche.

L'autre espèce est *Clematis texensis*. C'est la plus rouge de toutes. Les fleurs sauvages sont petites. Les espèces cultivées conservent ce beau coloris. Elles ont des fleurs plus grandes, dressées en forme de tulipe. La plus réussie est ' Gravetyne Beauty ', rouge rubis, élégante et florifère. Elle s'épanouit en juillet.

DOUZE MOIS SUR DOUZE

Deux clématites de nos jardins gardent leur feuillage tout au long de l'année. La première est *Clematis armandii*. Le feuillage vert foncé met en valeur la masse de fleurs blanches apparue en mars ou en avril. Préférer ' Snow Drift ', plus florifère.

Clematis cirrhosa fleurit en hiver. Seule la forme ' Balearica ' est connue. Ses fleurs couleur crème sont saupoudrées de pourpre. La laisser courir au-dessus d'une porte, d'une fenêtre ou le long d'une façade. Son beau feuillage découpé devient pourpre aux premiers froids. Elle est rustique jusqu'à 18 °C. A exposition abritée, elle peut atteindre 10 m de haut.

DES GÉANTES DE TOUTES LES COULEURS

Les vigoureuses clématites sauvages réservent des surprises.

Pour la couleur jaune, si rare, choisir *Clematis orientalis* ou *C. tangutica*. La première a des fleurs globuleuses, aux pétales épais et jaune clair en juin. La seconde produit des fleurs ouvertes et jaune foncé durant tout l'été. Toutes deux possèdent un fin feuillage découpé.

La plus connue des géantes est *C. montana*. Épanouie en avril, elle porte des masses de fleurs blanc rosé. De nombreuses variétés, à fleurs rose vif, plus grandes et à feuillage sombre, existent.

Pour l'automne, la Chinoise *C. rehderiana* propose des grappes énormes de fleurs en clochettes, parfumées et de couleur jaune acide. Elle convient à l'ornement des arbres et des haies.

Les clématites hybrides doivent être étudiées à part. Mais ce choix d'espèces ajoute une note de charme bucolique au jardin.

A. Descat / M.A.P.

Ci-contre : les staminodes pourpres au centre de la fleur caractérisent Clematis florida *' Sieboldii '.*
Ci-dessous : Clematis texensis *' Gravetyne Beauty '.*

A. Descat / M.A.P.

le commentaire

DE NICOLAS LE JARDINIER

La taille des clématites paraît délicate à l'amateur. Les petites clématites à fleurs simples sont rasées chaque année. Les clématites hybrides à grandes fleurs sont taillées court sur les rameaux secondaires. Les branches charpentières sont conservées et allongées peu à peu.

PLANTATION
ET ENTRETIEN

LA PLANTATION DES ROSIERS

Différents soins garantissent un bon établissement des plantations. Il faut ameublir le sol, préparer les rosiers et suivre leur développement. Ces attentions augmentent par ailleurs leur résistance aux maladies.

Les rosiers restent en place des dizaines d'années. Les soins apportés à leur plantation sont indispensables. Ils assurent une floraison généreuse.

CHOISIR UN BON EMPLACEMENT

Mettre les rosiers en situation dégagée et ensoleillée. Les placer aussi à l'ombre légère de grands arbres. Les tenir hors des positions éventées. Proscrire l'exposition au nord. Ils s'accommodent de tous les sols. Éviter cependant les terres trop calcaires. Choisir une bonne terre, légèrement argileuse et humifère. L'ameublir et bien la drainer.

DÉFONCER LE SOL EN PROFONDEUR

Ameublir le sol un mois à l'avance si possible. Bêcher jusqu'à 50-60 cm de profondeur. Incorporer compost et fumier de ferme bien décomposé. Remplacer éventuellement par terreau ou fumier de commerce. Agir surtout en cas de sol sableux ou calcaire. Enfouir à 40 cm de profondeur pour éviter de brûler les racines. Le terrain a peut-être déjà porté des rosiers. Dans ce cas, changer la terre sur 40 à 65 cm d'épaisseur. Désinfecter par la suite.

EN DEHORS DES PÉRIODES DE GEL

Les pépiniéristes proposent différents plants : « racines nues » ou « conditionnées » sous sachet. De la tourbe humide entoure ces dernières. La vente a lieu durant le repos végétatif, d'octobre à mars-avril. Planter en automne,ce qui permet aux plantes de s'établir avant le départ de la végétation. En cas de climat rude, planter en avril. Éviter de planter en période de gelées, ainsi que dans un sol détrempé par de fortes pluies.

LES METTRE EN JAUGE

On plante parfois les rosiers bien après leur achat. Garder les plants « conditionnés » dans un hangar ou un garage. Enjauger les racines nues. Creuser une tranchée dans un coin abrité du jardin. Y coucher les rosiers côte à côte. Couvrir à moitié leurs racines de terre. Cacher les branches au-dessus du bourrelet de greffe pour les protéger du gel.

Quelques rosiers se vendent en conteneur. Les planter aussi pendant la saison de végétation. Ce conditionnement tend à se répandre.

Agence Bamboo/Arnaud Descat

Ci-contre : superbe arceau de rosiers sarmenteux grimpants ' Dorothy Perkins '.

Agence Bamboo/Arnaud Descat

M.A.P./Nicole et Patrick Mioulane

M.A.P./Nicole et Patrick Mioulane

Ci-dessus : à gauche, rosiers conditionnés prêts à planter. Ces plants peuvent rester quelque temps en attente dans un endroit abrité; au centre, rosier buisson prêt à planter; à droite, pralinage d'un rosier. Cette précaution permet aux racines de mieux coller à la terre et facilite la reprise. Ci-contre : suppression de rejets.

FACILITER LEUR REPRISE

Au moment de repiquer, tremper les plants. Les plonger entièrement dans l'eau plusieurs heures. Procéder ensuite à leur « habillage » : rabattre branches et racines. Retailler les branches des rosiers buissons à environ 20 cm de longueur. Supprimer deux ou trois bourgeons. Couper en biseau au-dessus d'un œil orienté vers l'extérieur. Recouper les racines d'environ un quart à un tiers de leur longueur. Équilibrer ainsi système racinaire et parties aériennes.

« Praliner » avant la plantation du rosier. Tremper les racines dans une boue épaisse. Le pralin, à l'origine, rassemble terre argileuse, bouse de vache et eau en parts égales. Remplacer par une autre préparation. Mélanger terre argileuse, eau et hormones d'enracinement. Sinon, utiliser du pralin en poudre du commerce. Le diluer dans de l'eau. Cette « colle » permet aux racines de mieux adhérer à la terre. Elle stimule par ailleurs la formation des radicelles.

PLANTER DES ROSIERS BUISSONS

Creuser un trou du volume des racines. Il peut atteindre 20-30 cm de profondeur pour 50-60 cm de diamètre. Former un monticule de terre au fond. Saisir le rosier au collet. Le déposer dans le trou de plantation. Déployer les racines en « araignée ». Enterrer le bourrelet de greffe à 20 cm. Sa partie renflée fait le lien entre branches et racines. Maintenir le rosier droit. Combler ensuite l'ouverture avec la terre. La faire glisser entre les racines pour bien les enrober. Tasser modérément autour du collet. Le rosier doit résister à une légère traction. Verser la moitié d'un arrosoir d'eau.

SOINS APRÈS LA PLANTATION

Butter. Le sol ressuyé, butter chaque plant de rosier. Ramener la terre sur les branches à une hauteur de 10-15 cm. Protéger ainsi du gel les rosiers plantés à l'automne. Cette butte de terre défend aussi des vents desséchants. Ils touchent ceux plantés en fin d'hiver et en début de printemps. Conserver cette protection de cinq à six semaines jusqu'à début mai.

M.A.P./Nicole et Patrick Mioulane

Rabattre. Des branches ont souffert du froid. Rabattre au printemps leurs extrémités brunies jusqu'au bois sain.

Arroser. Arroser durant la première saison de végétation. Cette opération est indispensable. Pratiquer des arrosages copieux et espacés.

LA MULTIPLICATION DES ROSIERS

Différentes techniques peuvent être utilisées pour multiplier les variétés de rosiers. La méthode traditionnelle, le greffage, demande un certain savoir-faire. Le bouturage réussit avec de nombreuses espèces et variétés. Réserver le marcottage aux rosiers lianes. Le semis présente peu d'intérêt, excepté pour l'obtention de nouvelles variétés.

LE GREFFAGE : UNE MÉTHODE DE PROFESSIONNELS

Les horticulteurs multiplient les variétés commercialisées de rosiers par greffage. Un œil (bourgeon) de la variété à greffer est inséré sur le porte-greffe. Ce dernier est en général une espèce sauvage, comme l'églantier *(Rosa canina)*.

Ce type de greffe consiste à unir le porte-greffe et un bourgeon de la variété désirée. Le porte-greffe forme le système racinaire. Le bourgeon forme le système aérien de la plante, les tiges et les fleurs.

Différents procédés peuvent être utilisés pour la multiplication des rosiers. Le greffage et le bouturage offrent les meilleures chances de réussite.

L'intérêt de cette méthode est d'associer les qualités de deux individus différents dans une même plante. Le porte-greffe apporte sa robustesse, son adaptation au terrain, et confère une certaine vigueur à la variété. De nombreuses variétés comme les hybrides de thé se révèlent fragiles lorsqu'elles sont cultivées sur leurs propres racines. Le greffon, ou écusson, détermine les caractéristiques du système aérien : le feuillage, la forme et la teinte des fleurs, et leur parfum.

Avec les rosiers, pratiquer l'écussonnage (greffage en écusson) à œil dormant. Mener l'opération en juillet-août. Les yeux greffés entrent en croissance au printemps suivant.

LA PRATIQUE DE L'ÉCUSSONNAGE

Planter le porte-greffe l'hiver précédant le greffage. Couper les rameaux sur lesquels les écussons sont prélevés en juillet-août. Choisir des tiges vigoureuses de la variété souhaitée. Les effeuiller en conservant la base des pétioles. Éliminer les aiguillons en les poussant de côté.

Préparer le porte-greffe. Dégager le collet de la plante. Choisir comme point de greffe une zone lisse. Entailler l'écorce à cet endroit en formant une fente en T. Prélever l'écusson sur le rameau, à mi-hauteur environ. D'un coup de greffoir, détacher l'œil avec une languette d'écorce

Ci-dessous : les phases de la greffe en écusson (ou écussonnage) du rosier. Choix de l'écusson (gauche), fente du porte-greffe (centre) et ligaturage (droite).

N. et P. Mioulane / M.A.P.

N. et P. Mioulane / M.A.P.

N. et P. Mioulane / M.A.P.

elliptique. Si l'écusson présente un petit bout de bois au dos, le séparer de l'écorce.

Tenir l'écusson par la base du pétiole. Le glisser sous l'écorce du porte-greffe, dans la fente. Ligaturer le point de greffe avec du raphia, sans recouvrir l'œil. À la fin de l'hiver suivant, rabattre la tige du porte-greffe au-dessus du point de greffe. Au printemps, pincer la jeune tige au-dessus du deuxième œil. Cela l'incite à se ramifier plus vite.

Les rosiers tiges et les rosiers pleureurs sont obtenus par greffage d'un ou de plusieurs rosiers buissons en haut d'une tige droite et non ramifiée.

N. et P. Mioulane / M.A.P.

Ci-contre : semis de graines de rosier contenues dans les fruits. Ci-dessous : mise en jauge de boutures à bois sec.

N. et P. Mioulane / M.A.P.

LE BOUTURAGE : UNE MÉTHODE RAPIDE ET FACILE

La plupart des floribundas, certains hybrides de thé, les rosiers miniatures et de nombreuses espèces botaniques sont faciles à multiplier par bouturage. Utiliser des boutures semi-herbacées prélevées en fin de saison de végétation ou des boutures ligneuses prélevées en hiver.

Employer comme boutures de fins rameaux sains et vigoureux d'environ 20 cm de longueur. Cet éclat de bois de la tige principale se trouve à la base de la bouture. Recouper la bouture en haut au-dessus et en bas en dessous d'un œil. Éliminer les feuilles en laissant de 1 à 2 cm de pétiole. Tremper la base des boutures dans une poudre d'hormones d'enracinement. Planter les boutures dans des pots remplis d'un mélange de tourbe et de sable. Bien les enfoncer.

Les boutures faites en fin d'été s'enracinent avant l'hiver. Celles faites en hiver entrent en végétation au printemps suivant.

LE MARCOTTAGE : UNE TECHNIQUE À LA PORTÉE DE TOUS

Les rosiers non greffés émettent de nombreux drageons. Pour les multiplier, il suffit de couper ces drageons en hiver avec une portion de tige souterraine et de les planter. Recouper la tige à 15 ou 20 cm du sol pour stimuler sa ramification.

Multiplier par marcottage les rosiers lianes, les rosiers arbustes et les rosiers grimpants à longues tiges souples. Choisir au début du printemps une tige assez longue pour pouvoir la courber jusqu'au sol. Inciser l'écorce sous un œil, dans la partie inférieure de la tige. Enterrer la partie incisée à 10 cm de profondeur. Remplir le trou d'un mélange de sable, de tourbe et de terre de jardin. Maintenir la tige en place à l'aide d'un arceau métallique. Tuteurer l'extrémité terminale de la tige. Au printemps suivant, séparer la tige de la plante mère. La planter à l'emplacement voulu.

LE SEMIS : EN VUE DE L'HYBRIDATION

Les graines de rosier, contenues dans les fruits (cynorrhodons), donnent des plantes différentes de la plante d'origine : la généalogie des rosiers est complexe. Le semis au hasard présente donc peu d'intérêt comme technique de multiplication.

On peut y faire appel pour des essais d'hybridation. La vigueur et les caractéristiques de la floraison des nouvelles plantes obtenues sont transmises par le rosier ayant fourni le pollen. Les caractéristiques de la fleur elle-même sont plus proches de celles de la variété fécondée.

Lorsque les fleurs commencent à s'ouvrir, couper les étamines. Éliminer les rangées internes de pétales de la fleur mère à féconder. Prélever le pollen sur les étamines de la fleur mère. Pour éviter une fécondation ultérieure par les insectes, protéger la fleur par une mousseline. Un fruit se forme si la fécondation est réussie. Semer les graines en hiver.

le commentaire

DE
NICOLAS
LE JARDINIER

Créer une variété de rosier par une longue série de bifurcations est de nos jours un investissement important. La multiplication des rosiers certifiés donne lieu à la perception d'un droit de suite au bénéfice du créateur. Multiplier chez soi un rosier que l'on aime par bouturage ou greffage (sur un sauvageon) est un des privilèges de l'amateur. Il serait en revanche répréhensible s'il commerçait le fruit de ses travaux.

LES ENGRAIS ROSIERS

Nombreux sont les jardiniers qui possèdent au moins un rosier dans leurs massifs. Ces rosiers doivent trouver dans le sol les éléments nutritifs nécessaires à leur bon développement. Ainsi, ils fleurissent en abondance et se montrent vigoureux, solides et résistants aux maladies et aux parasites.

UNE NOURRITURE ÉQUILIBRÉE

Le rosier peut s'accommoder d'un engrais de type universel. Il prospère mieux si on lui offre une nourriture adaptée à ses besoins tout au long de la saison. Les engrais rosiers offrent un bon équilibre entre plusieurs éléments. L'azote favorise une croissance vigoureuse. L'acide phosphorique est le facteur essentiel d'un bon développement du système radiculaire. La potasse renforce la résistance des plantes aux maladies.

> Un engrais adapté et un sol bien structuré sont les secrets de la réussite des beaux rosiers

Un élément précieux pour cet arbuste s'y ajoute : la magnésie. Les rosiers sont en effet sensibles aux carences en magnésium. Celles-ci se traduisent par un jaunissement des feuilles qui prennent une coloration brune entre les nervures. L'ensemble de la plante souffre. L'éclat de la floraison est amoindri. Éviter de confondre une carence en magnésium et la chlorose. Cette dernière est provoquée par une mauvaise assimilation du fer dans un sol riche en calcaire ou asphyxié par un excès d'eau. La chlorose entraîne aussi une décoloration du feuillage et apparaît tout d'abord sur les jeunes feuilles. Le jaunissement par carence en magnésie commence, lui, par les feuilles âgées.

Ci-dessous : le traitement des rosiers en surface peut pallier les effets de certaines carences du sol.

N. et P. Mioulane / M.A.P.

Philippe Bonduel

Philippe Bonduel

Ci-dessus : les rosiers rugueux (Rosa rugosa), *sobres, se contentent de peu d'engrais. En haut : dégager les paillis avant d'épandre l'engrais.*

UN BON SOL

Le meilleur engrais du monde est inefficace s'il est appliqué à un sol en mauvais état physique. Les racines d'une plante ont besoin de respirer pour absorber les éléments nutritifs. Un sol trop compact et souvent gorgé d'eau exige un amendement humique à base de tourbe et de fumier décomposé. Le vieux dicton campagnard qui veut que le fumier allège les terres lourdes reste valable. En sols sablonneux, la tourbe et le fumier améliorent la structure et retiennent les éléments nutritifs des engrais. Cependant, ils sont vite entraînés par les eaux de pluie ou d'arrosage et perdus pour l'alimentation de la plante.

Planter les rosiers dans un sol renfermant suffisamment d'eau et d'air pour permettre aux racines et aux micro-organismes de se développer sans problème. Le sol est un milieu vivant, avec une flore microbienne et une faune (comme les vers de terre) dont le rôle est complexe et irremplaçable. Sans leur présence, nombre de processus qui mettent les éléments de fertilisation à la disposition des rosiers sont affectés. Améliorer la structure du sol est un préalable essentiel à tout emploi d'engrais.

LA BONNE PÉRIODE

La plupart des engrais rosiers proposés dans le commerce se présentent sous forme de granulés. Ils s'épandent sur le sol, puis s'enfouissent par un léger griffage. Cette formule, qui a fait ses preuves, est d'un emploi aisé et d'une excellente efficacité. Il existe aussi des engrais sous forme liquide, à apporter avec l'eau d'arrosage, et des formules en pulvérisations foliaires.

La composition de ces engrais varie peu d'une marque à l'autre. Leur emploi est identique, sous réserve de respecter les doses préconisées par chaque fabricant. Au moment de la plantation, on enfouira deux poignées d'engrais par mètre carré. Bien mélanger avec la terre, au fond du trou, dans la partie ameublie sur laquelle les racines vont reposer. En cours de saison, prévoir au moins deux applications en fumure d'entretien.

La première a lieu au début du printemps, juste après la taille des rosiers, à raison d'une bonne poignée par pied. Répartir tout autour pour permettre à l'ensemble du système radiculaire d'en bénéficier.

Donner la seconde fin juin ou début juillet en fin de première floraison. Appliquer une dose équivalente, ce qui stimule la remontée. Griffer un peu le sol et arroser en abondance si la pluie fait défaut.

Ces conseils sont valables pour des rosiers buissons. Les rosiers grimpants ou arbustes sont munis de racines qui s'étalent sur plusieurs mètres carrés au bout de quelques années. Apporter l'engrais sur toute la surface du sol pouvant être exploitée par ces rosiers, à raison d'une bonne poignée par mètre carré.

LES PRODUITS DÉSHERBANTS

Il existe aussi des engrais rosiers désherbants. En une seule application, ils nourrissent les plantes et gardent les massifs propres. Le désherbant sélectif incorporé avec les éléments nutritifs empêche la pousse des mauvaises herbes pendant toute la saison. Le sol reste propre, mais il est impossible de contreplanter les massifs de rosiers d'annuelles, de bisannuelles ou de couvre-sols. Ce type d'engrais s'emploie au tout début du printemps, avant le développement des mauvaises herbes annuelles contre lesquelles il est redoutable. Traiter à plus de 5 cm des pelouses ou sur un terrain en pente juste avant une pluie ou un arrosage abondant. Faire un ou deux apports d'engrais rosier classique au cours de la saison pour assurer une bonne fumure d'entretien.

MÉRITES ET DANGERS DU FUMIER

Les spécialistes du rosier ont longtemps conseillé le fumier de vache additionné d'un engrais rosier comme étant la meilleure fumure. Des raisons d'hygiène ont modifié leur appréciation : le fumier de ferme peut contenir de nombreux germes pathogènes et il est souvent mal composté et trop frais. La paille en putréfaction est à l'origine du développement du pourridié des racines. Leur forte alcalinité et une grande richesse en potasse peuvent bloquer l'assimilation de la magnésie, ce qui provoque les carences graves évoquées plus haut. Utiliser plutôt un bon terreau ou un fumier bien composté.

LE RENOUVELLEMENT DES MASSIFS DE ROSIERS

Le renouvellement des massifs de roses demande quelques précautions particulières. Elles diffèrent de celles requises lors de l'implantation initiale de la plate-bande. Les roses assurent une floraison soutenue durant de nombreuses années.

RECONSTITUER LES RÉSERVES DU SOL

Les rosiers à floraison remontante du printemps à l'automne épuisent vite les éléments nutritifs du sol lorsqu'ils sont plantés en massif. Des apports réguliers d'engrais sont insuffisants pour préserver les qualités du sol à long terme. Au bout de sept à douze ans, selon la qualité du sol, sa profondeur et les apports d'engrais, il devient nécessaire de remplacer les rosiers. Utiliser de jeunes plants plus vigoureux car il faut reconstituer les réserves nutritives du sol.

CHANGER L'EMPLACEMENT DU MASSIF

Lorsque c'est possible, préférer un autre emplacement pour le nouveau massif. Les jeunes rosiers y bénéficient d'une terre riche en réserves nutritives.

Choisir ce nouvel emplacement en fonction des exigences des rosiers : situation dégagée, ensoleillée ou un peu ombragée et à l'abri des vents violents.

Éviter la plantation à côté d'une haie. Ses racines font concurrence à celles des rosiers.

UNE FLORAISON CONTINUE

Pour bénéficier d'une floraison généreuse quasiment permanente, renouveler les massifs constitués tout en rosiers plus souvent que les massifs de rosiers associés à d'autres plantes (arbustes, plantes vivaces).

Les plantations denses de rosiers, en plates-bandes régulières ou en forme libre, demandent à être renouvelées tous les sept ou douze ans en moyenne.

Ci-dessous : c'est à la décoration des plates-bandes régulières que servent le plus fréquemment les massifs de rosiers.

N. et P. Mioulane / M.A.P.

AMÉLIORER LE SOL EN PROFONDEUR

Lorsque les rosiers restent en place, renouveler une bonne couche de terre. Elle assure aux rosiers une croissance vigoureuse. Arracher les vieux rosiers en fin de saison de floraison. Mettre en place les nouveaux plants au début du printemps suivant. Une fois le massif dégagé, changer sur 40 ou 60 cm de profondeur la terre épuisée par les rosiers. Cette profondeur correspond au volume colonisé par les racines des plantes. Apporter à la place de la bonne terre de jardin. L'enrichir de fumier.

N. et P. Mioulane / M.A.P.

N. et P. Mioulane / M.A.P.

N. et P. Mioulane / M.A.P.

En haut, à gauche : choix de rosiers fleuris en pépinière. En haut, à droite : pralinage d'un rosier avant la plantation. Ci-dessus : apport d'engrais.

LE RENOUVELLEMENT INDIVIDUEL DES ROSIERS

Pour remplacer un rosier ici ou là, un sujet trop âgé dans un massif d'arbustes ou un buisson moins florifère que les autres de la plate-bande, changer la terre du trou de plantation (sur 40 ou 50 cm de profondeur et sur 30 ou 50 cm de diamètre, suivant le type de rosier). Cela assure une bonne reprise au nouveau sujet.

UNE PLANTATION CLASSIQUE

Les rosiers remplacés se plantent pendant la période de repos de la végétation pour les plants vendus racines nues ou en mottes conditionnées. Procéder en dehors des périodes de gel. Si le renouvellement de la terre de culture et le travail du sol sont effectués en automne ou en début d'hiver, attendre février ou mars pour mettre les rosiers en place. La terre rapportée a ainsi le temps de s'aérer, de s'ameublir et de se tasser.

Respecter les distances de plantation recommandées : en général, de 40 à 50 cm pour les rosiers à massifs de taille petite ou moyenne, de 60 à 80 cm pour les plus vigoureux. Planter dense. Les arbustes fleuris doivent occuper toute la surface du sol après deux ou trois ans de culture.

SURVEILLER LES JEUNES ROSIERS LA PREMIÈRE ANNÉE

Le nouveau massif de rosiers demande des soins attentifs durant l'année suivant la plantation. Ils permettent une croissance rapide et vigoureuse des arbustes. Même pour une plantation de fin d'hiver, butter le pied des rosiers jusqu'à fin avril. Cela protège les racines encore fragiles des gelées tardives et des vents violents.

Arroser beaucoup le premier été, surtout en sol calcaire ou sablonneux. Ménager une petite cuvette au pied de chaque rosier pour humidifier le sol en profondeur. Arroser en superficie par aspersion abîme les fleurs.

La première année, éviter de donner de l'engrais aux jeunes rosiers. Attendre la seconde pour commencer les apports.

PLANTER DE NOUVELLES VARIÉTÉS

A l'occasion du renouvellement du massif, changer de variétés. Visiter les roseraies et les parcs publics au début de l'été. Étudier les catalogues pour découvrir les variétés récentes et leurs qualités : teinte et forme des fleurs, tenue à la pluie, résistance aux maladies et vigueur et port des plantes. Tout en conservant la même forme au massif, créer une nouvelle harmonie de teintes dans le jardin.

LA TAILLE DES ROSIERS BUISSONS

Un rosier non taillé comporte des branches vigoureuses, mais aussi des fleurs petites, du bois mort ou faible, des tiges grêles et enchevêtrées.

LES EFFETS DE LA TAILLE

La taille annuelle sert à nettoyer l'arbuste et à raccourcir les tiges saines.

Le nettoyage consiste à éliminer tout bois mort, faible ou malade. Rabattre jusqu'au bois sain (bien vert) toute branche morte ou malade. Supprimer les tiges grêles, mal placées ou en surnombre.

Rabattre les branches saines de façon à obtenir une silhouette harmonieuse et équilibrée. Une taille très courte permet d'obtenir des fleurs plus grosses, mais moins nombreuses.

TAILLER DE FÉVRIER A AVRIL

Selon les régions, tailler de février à avril. Dans les zones à hiver doux, la taille peut être entreprise à la fin de l'automne. Ailleurs, il vaut mieux attendre la fin de l'hiver. Si la taille est trop précoce, les jeunes pousses qui se développent risquent de souffrir des gelées. Trop tardive, au contraire, elle gêne le départ de la végétation. Tailler quand les pousses terminales commencent à se développer, mais que les tiges sont encore dépourvues de leurs bourgeons inférieurs.

LA TAILLE DES ROSIERS BUISSONS A GRANDES FLEURS

Tailler les rosiers hybrides de thé, ou rosiers buissons à grandes fleurs, de façon à former un buisson de forme évasée, bien dégagé au centre. Toutes les tiges bénéficient ainsi d'un bon

La tailles des rosiers doit être menée chaque année. Elle est indispensable pour obtenir une silhouette harmonieuse et une floraison régulière.

éclairement. Elles donnent une floraison homogène. Des tiges trop serrées au cœur du buisson, recoivent trop peu de lumière, s'étiolent et forment peu de fleurs.

Suppression des fleurs fanées. Une taille très courte permet d'obtenir des fleurs plus grosses mais moins nombreuses.

N. et P. Mioulane / M.A.P.

UN BON SÉCATEUR

Un sécateur propre, robuste et bien coupant est indispensable pour tailler les rosiers. Un outil rouillé et émoussé écrase les tiges et laisse une coupe irrégulière. Cette plaie sale constitue une porte d'entrée pour les maladies du rosier. Nettoyer et entretenir les lames du sécateur.

A gauche : pour obtenir de grosses roses, tailler à un ou deux yeux.
Ci-dessus : tout bois mort, faible ou malade doit être coupé

Rabattre les tiges conservées à trois yeux. Tailler à un ou deux yeux pour obtenir de grosses roses. Pratiquer une taille dite légère ou longue à quatre ou cinq yeux pour les variétés très vigoureuses, comme ' Madame A. Meilland '.

LA TAILLE DES ROSIERS BUISSONS A FLEURS OU A BOUQUETS

Ces variétés de rosiers, de type *floribunda* ou *polyantha*, sont plus vigoureuses et plus florifères que les variétés à grandes fleurs. Chaque année, rabattre les tiges d'environ un quart de leur longueur (ou de quatre à six yeux de la base à la tige). Dégager le centre de l'arbuste. Couper au-dessus d'un œil dirigé vers l'extérieur pour que le buisson s'étoffe.

UNE COUPE PRÉCISE

La coupe doit être effectuée à quelques millimètres au-dessus d'un œil. Choisir un bourgeon orienté vers l'extérieur de l'arbuste. La nouvelle pousse contribue à l'élargissement de l'arbuste.

La coupe en biseau permet à l'humidité dégagée au niveau de la cicatrice, de s'écouler du côté opposé au bourgeon.

LES ROSIERS PLANTÉS DANS L'ANNÉE

Les rosiers vendus « racines nues » sont plantés en fin d'automne ou au début du printemps. Tailler à la plantation ceux mis en place au printemps. Attendre le début du printemps suivant pour ceux mis en place à l'automne.

Les tiges et racines des rosiers conditionnés sous emballage plastique avec une motte sont déjà taillées. Ces rosiers ne demandent pas de taille après plantation, sauf si l'extrémité des tiges est brunie.

Commencer par éliminer les tiges faibles ou qui se chevauchent. Pratiquer ensuite une taille sévère pour stimuler la vigueur du jeune rosier pendant sa première année de végétation.

Les plants de rosiers buissons à grandes fleurs sont en général composés de trois ou quatre tiges. Les recouper à un ou deux yeux du sol (10-12 cm environ), au-dessus d'un bourgeon orienté vers l'extérieur. Rabattre les tiges à 15 cm du bourrelet de greffe.

LES AUTRES TYPES DE ROSIERS

Les rosiers arbustes, ou rosiers paysagers, ont un développement plus grand que les rosiers buissons. Pratiquer une taille légère : nettoyage des tiges et élagage du vieux bois.

Pour ce qui concerne les rosiers grimpants, faire la différence entre variétés remontantes et non remontantes. Tailler les rosiers grimpants non remontants en juillet-août, après leur unique floraison. Tailler les variétés remontantes au début du printemps.

L'ENTRETIEN D'ÉTÉ DES ROSIERS

Durant l'été, quelques soins d'entretien assurent aux rosiers une superbe floraison d'arrière-saison et un regain de vigueur.

Après une absence, éliminer les mauvaises herbes ayant envahi le pied des rosiers par un binage. Passer le fer de la binette horizontalement à 2 ou 3 cm sous la surface du sol pour éviter de blesser les racines.

Ce binage est inutile lorsque les rosiers ont été protégés avant le départ en vacances par un paillis de tourbe ou de compost.

REPRENDRE LES ARROSAGES

L'arrosage est indispensable aux jeunes rosiers plantés dans l'année, très sensibles à la sécheresse. Il est recommandé pour tous les rosiers remontants : leur floraison est plus belle à l'automne.

Arroser aux heures fraîches, le soir de préférence, car les plantes bénéficient toute la nuit de l'humidité apportée au sol.

Un sol sableux, très drainant, demande des arrosages quotidiens mais peu abondants. Un sol argileux, absorbant l'eau lentement, exige des arrosages abondants et espacés (tous les cinq jours). Cesser d'arroser vers le 25 août pour que les tiges des rosiers se lignifient.

Distribuée à faible pression, l'eau pénètre mieux dans la

L'entretien d'un rosier commence par l'élimination des fleurs fanées. Cette opération esthétique permet aussi d'éviter la formation de fruits et, effectuée régulièrement, elle augmente la production de fleurs.

N. et P. Mioulane/M.A.P.

terre, sans la raviner. L'apporter au pied des rosiers, sans mouiller le feuillage ou tacher les fleurs.

SURVEILLER LE FEUILLAGE

Examiner le feuillage des rosiers. S'il est atteint par une maladie ou attaqué par un parasite, traiter aussitôt avec le produit approprié.

Les deux maladies à redouter en fin d'été sont le marssonia, ou maladie des taches noires, qui dénude la tige, et la rouille, qui endommage le feuillage.

ÉLIMINER LES FLEURS FANÉES

Si elles restent sur l'arbuste, elles donnent en fin de saison des fruits, qui détournent à leur profit une partie de la vigueur du rosier.

Hormis celles des rosiers botaniques à fruits décoratifs, supprimer les fleurs fanées tout au long de l'été. Les couper équivaut à pincer l'extrémité des tiges. Cette taille légère stimule la vigueur de la plante.

Utiliser un bon sécateur. Couper juste au-dessus de la deuxième ou troisième feuille bien formée sous la fleur. Choisir de préférence un œil tourné vers l'extérieur. Faire une coupe en biseau à quelques millimètres au-dessus de l'œil.

Chez les rosiers à fleurs en bouquets, rabattre le bouquet terminal au-dessus d'un œil vigoureux.

SUPPRIMER LES DRAGEONS

Des tiges feuillues et sans fleurs se développent pendant l'été sur les rosiers. Les supprimer. Les rejets (ou drageons) sont des pousses issues du porte-greffe de la variété. Ils sont reconnaissables à leurs tiges, très épineuses, et à leurs feuilles, en général différentes de celles de la variété greffée. Ces rejets, toujours vigoureux, concurrencent le rosier. Les éliminer à la base.

Pour les rosiers buissons, dégager la terre au pied du plant pour bien localiser le point de départ du rejet sous le bourrelet de greffe. Le sectionner d'un coup de bêche au ras des racines.

Les variétés greffées sur *Rosa canina,* l'églantier, donnent de nombreux rejets. De même, pour les rosiers tiges ou pleureurs, éliminer toute tige se développant sous le bourrelet de greffe.

Il est important de surveiller le feuillage des rosiers afin de détecter à temps toute maladie ou attaque parasitaire. Ci-contre : traitement à la bombe « totale ». Ci-dessous et à droite : préparation et pulvérisation d'un produit de traitement.

N. et P. Mioulane/M.A.P.

N. et P. Mioulane/M.A.P.

N. et P. Mioulane/M.A.P.

PALISSER LES ROSIERS GRIMPANTS

Les branches de l'année atteignent leur plein développement. Dès quelles mesurent 50 cm de long, et si elles sont encore souples, les palisser sur un support : grillage, pylône, pergola.

Le palissage régularise la vigueur du rosier et permet de garnir avec opulence le support choisi. Préférer un lien plastique vert foncé ou noir, peu visible, à une ficelle : elle se relâche et casse. Maintenir les branches inclinées de 30 à 45 degrés suivant leur vigueur.

TAILLER LES ROSIERS GRIMPANTS NON REMONTANTS

A la différence des variétés remontantes (qui fleurissent tout l'été), les rosiers grimpants non remontants se taillent sitôt la floraison terminée. Elle peut donc être effectuée fin août ou dans le courant du mois de septembre.

Pour les variétés très vigoureuses, comme ' American Pillar ', ' Dorothy Perkins ', couper les tiges florales au-dessus d'un œil bien formé. Se contenter ensuite de supprimer le bois mort, les tiges grêles et mal placées.

Les variétés moins vigoureuses sont à tailler plus court.

N. et P. Mioulane/M.A.P.

Rosier (à gauche) et rejet (à droite) se reconnaissent à leur feuillage : chez le premier, les feuilles ont cinq folioles, chez le second sept. Éliminer les rejets, car ils épuisent le rosier.

Éliminer les bouquets de fleurs fanées au niveau de la deuxième ou troisième feuille.

Rabattre assez court, à deux ou trois yeux, les ramifications des tiges principales. Cette opération les incite à émettre de nouvelles pousses.

LE DIAGNOSTIC PRÉCOCE DES MALADIES DU ROSIER

Observer le feuillage des rosiers permet de diagnostiquer les affections dès le début et de les soigner d'autant mieux.

L'arrivée des beaux jours excite l'ardeur de certains champignons et la convoitise d'insectes ravageurs amateurs de rosiers. Si les conditions climatiques jouent en leur faveur, ils se développent et multiplient les dégâts. Une lutte contre ces ravageurs s'impose. Plus tôt elle est déclenchée, plus elle est efficace.

UN EXAMEN ATTENTIF DU FEUILLAGE

Les jeunes feuilles craignent davantage ces attaques parasitaires. Leurs tissus regorgent de substances nutritives, et leur épiderme se montre encore tendre.

Le célèbre oïdium prend les devants chaque année. Ce champignon recouvre les jeunes tissus du rosier d'un feutrage blanchâtre, fin et léger. En enfonçant ses suçoirs dans les cellules de la feuille, il perturbe son élongation et provoque des boursouflures et des déformations. Les feuilles et les tiges se recouvrent d'un épais feutrage blanc. Les tissus ponctionnés et asphyxiés se dessèchent. Les feuilles tombent.

Plus tard en saison, des petites taches jaune orangé de forme anguleuse peuvent apparaître sur la face supérieure des feuilles déjà bien développées. À leur revers correspondent des pustules proéminentes orange vif. C'est la rouille du rosier. Au cours de l'été, des pustules noires parsèment le revers des feuilles. C'est le processus de conservation du champignon qui se déclenche à l'approche de l'hiver.

LA MALADIE DES TACHES NOIRES

Le feuillage du rosier attire un autre champignon célèbre : le marssonina. L'infection touche d'abord les feuilles basses, puis remonte jusqu'aux feuilles naissantes sous les boutons floraux. Des taches arrondies, allant du violacé au noir, souvent bordées d'un halo jaune, sont parsemées sur la face supérieure des feuilles. Les tissus attaqués se nécrosent. Une chute des feuilles peut survenir en été. La floraison est amoindrie, et les pieds affaiblis.

M. Duyck / M.A.P.

N. et P. Mioulane / M.A.P.

Ci-dessus : le marssonina provoque l'apparition de taches noires sur les feuilles du rosier. Un traitement s'impose dès la fin de la première floraison.
Ci-contre : feuilles d'un rosier atteint de la rouille.

N. et P. Mioulane / M.A.P.

N. et P. Mioulane / M.A.P.

N. et P. Mioulane / M.A.P.

Ci-dessus : effets d'une attaque de tenthrèdes sur un rosier.
À gauche : résultats de l'appétit dévastateur des araignées rouges.
À droite : pucerons verts.

LES DÉGÂTS DES INSECTES

Les insectes causent aussi des dégâts importants. Quand les températures sont élevées et l'air sec arrivent les acariens tisserands. Ces petits insectes se concentrent au revers des feuilles et ponctionnent les cellules épidermiques. Les feuilles prennent un aspect plombé.

Les tenthrèdes, chenilles verdâtres de 1 cm de longueur, dévorent l'épiderme des feuilles. Sans intervention, elles n'épargnent aucune d'entre elles.

Les mégachilles sont de petites abeilles qui réalisent de larges encoches de forme et de dimensions régulières sur le pourtour de quelques feuilles.

Les dégâts provoqués par les cicadelles sont peu importants. Elles signent leur passage de petits points jaunes parsemés sur les feuilles. Difficiles à observer, ces insectes piqueurs se réfugient au revers des feuilles et sautent au moindre frisson.

SURVEILLER FLEURS ET BOUTONS

Certains imposteurs ternissent et empêchent parfois la floraison. Les plus redoutables sont les pucerons. Ces insectes piqueurs verts ou roses s'agglutinent en colonie sur les jeunes boutons floraux. Repus de sève, ils en rejettent une partie sous la forme d'un liquide collant, le miellat, friandise suprême des fourmis. Dès leur arrivée, un traitement insecticide s'impose.

L'oïdium peut aussi recouvrir les boutons floraux de son épais feutrage blanc.

La période humide favorise le botrytis (ou pourriture grise). Fréquent sur les roses vieillissantes, ce champignon peut coloniser l'intérieur des boutons floraux. Il entraîne le dessèchement complet de la fleur et de sa tige. La suppression des boutons desséchés et des fleurs fanées suffit à écarter cette maladie.

LE DESSÈCHEMENT COMPLET DU ROSIER

Parmi des rosiers sains d'apparence, certains pieds dépérissent. Si des lamelles blanchâtres sont présentes sous l'écorce des racines, le responsable est un champignon : le pourridié. Si des tumeurs à l'aspect liégieux apparaissent au niveau du collet lors de l'arrachage, il s'agit de la galle du collet, provoquée par la bactérie *Agrobacterium tumefaciens.* La destruction du rosier malade, une surveillance des plants avoisinants et le changement de la terre infestée s'imposent.

BIEN CHOISIR SON TRAITEMENT

Une fois le diagnostic réalisé, des traitements sont nécessaires. Certains produits sont efficaces contre une seule maladie ou un seul ravageur. D'autres présentent un spectre d'action plus large. En présence d'un unique problème, utiliser si possible des produits spécifiques.

Diagnostic	Produit (matière active)	Utilisation et cadence
Oïdium	Bupirimate Dinocap Fenarimol Propiconazole Soufre	En pulvérisation ou en poudrage (soufre). Une application toutes les trois semaines jusqu'à disparition.
Tenthrèdes	Pyréthrines naturelles Pyréthrinoïdes de synthèse	Une application est suffisante.
Acariens tisserands	Dicofol	Renouveler le traitement quinze jours après.Un mouillage abondant des rosiers est nécessaire.
Pucerons	Pyréthrines naturelles Diméthoate Pyréthrinoïdes de synthèse Roténone Disulfoton Bromophos	En pulvérisation. A renouveler dès l'apparition de nouveaux pucerons. Granulé systémique à incorporer au sol par griffage. A renouveler toutes les six semaines. En poudrage. A renouveler.
Rouille Maladie des taches noires	Propiconazole Triforine Triadimenol	Une application en pulvérisation toutes les trois semaines jusqu'à disparition de la maladie.

PROTÉGER LES ROSIERS

Les rosiers ont de nombreux ennemis. Le tableau au verso donne les symptômes des affections les plus fréquentes. Celles-ci identifiées, il est facile d'y porter remède.

LA CHLOROSE

Le jaunissement des feuilles résulte de l'arrêt de la production de chlorophylle. Il est dû à une carence en oligo-éléments (fer surtout), indispensables à la formation de la chlorophylle. L'excès de calcaire gêne l'absorption par les racines du fer existant dans le sol.

Apporter de la terre de bruyère, de la tourbe, des engrais azotés et, surtout, du chélate de fer, en poudre ou liquide (produits antichlorose, Endofer, Kélantrène, etc.).

Savoir reconnaître les maladies les plus courantes des rosiers permet de les protéger ou de les soigner. C'est le gage d'une belle et abondante floraison durant tout l'été.

Rosier ' Général Testard ', sensible à l'oïdium. Certains rosiers sont plus atteints que d'autres par cette maladie. Se renseigner auprès de l'obtenteur ou du pépiniériste au moment de l'achat, surtout si la roseraie se trouve dans une région à climat océanique, propice à l'oïdium.

LES PUCERONS DU ROSIER

Les pucerons piquent les tissus végétaux et aspirent la sève.

L'insecte passe l'hiver à l'état d'œuf. De cet œuf sort au printemps une femelle « fondatrice ». Sans accouplement, elle donne naissance à des descendants, qui envahissent le rosier. Plusieurs générations se succèdent pendant la belle saison. A l'automne, des individus sexués pondent des œufs, qui éclosent au printemps.

La multiplication des pucerons dépend des conditions climatiques — chaleur et sécheresse la favorisent — et de leurs nombreux ennemis naturels : coccinelles, syrphes, champignons, etc.

Surveiller les premières colonies. Les supprimer à la main. Cette pratique donne aux ennemis

Bamboo/Arnaud Descat

Jacques d'Aguilar

Rosier atteint de chlorose. Cette maladie résulte d'une carence en fer, élément indispensable à la santé de la plante.

Nicole et Patrick Mioulane/M.A.P.

Pucerons verts sur une tige de rosier. Ils piquent les tissus et aspirent la sève.

Nicole et Patrick Mioulane/M.A.P.

Attaque de tenthrèdes (« fausses chenilles »).

Bamboo/Arnaud Descat

Maladie des taches noires des feuilles, ou marsonnia.

naturels le temps d'exercer leur action. En cas d'invasion importante, utiliser des produits du commerce : disulfoton (Systosol, Disyston), pyréthrinoïdes (Kothrin, Sherpa, etc.).

LE BLANC, OU OÏDIUM

Le champignon responsable de cette maladie passe l'hiver sur la plante sous la forme de minuscules filaments. Ceux-ci émettent des suçoirs, qui pénètrent les cellules. Puis les fructifications apparaissent, donnant le feutrage blanc caractéristique, que le vent disperse.

La chaleur (de 20 à 35 °C), même sans humidité, favorise la croissance de l'oïdium.

Utiliser des variétés peu sensibles (ce caractère est souvent précisé par les producteurs). Couper au sécateur les parties malades.

Pulvériser des spécialités à base de soufre mouillable (Phytosoufre, Oïdiate, Ultra Sofril), triforine (Oïvil, Funginex), triadiméfon (Bayleton 100), dichlofluanide (Euparène), etc.

LA ROUILLE

Le champignon qui la provoque hiverne sur les feuilles mortes sous forme de spores (pustules foncées), qui, au printemps, provoquent des contaminations primaires. A la belle saison, de nouvelles infections donnent des amas orangés puis noirs. La chaleur favorise l'évolution du champignon.

Détruire les feuilles mortes. Supprimer les rameaux portant des pustules et les brûler.

Utiliser des produits fongicides recommandés pour le blanc, à base de triforine, triadiméfon, ou encore de l'oxycarboxine (Plantvax).

LA MALADIE DES TACHES NOIRES, OU MARSONNIA

Elle est aussi due à un champignon. Celui-ci survit tout l'hiver sur les feuilles tombées au sol. Au printemps, il émet des spores, qui atteignent les feuilles. Cette infection facilite des contaminations secondaires en été et en automne. L'humidité et la chaleur élevées favorisent les attaques.

Détruire les feuilles tombées au sol. Les produits du commerce (soufre mouillable, triforine, triadiméfon) sont efficaces.

LES MINEUSES DES TIGES

Les insectes adultes, sortes de petites abeilles, volent en mai. Ils pondent leurs œufs sous l'épiderme des pétioles. A l'éclosion, la larve pénètre dans un bourgeon, où elle creuse une galerie droite. La pousse, arrêtée dans sa croissance, flétrit et meurt. La larve sort et se laisse tomber au sol. Elle s'y enfonce et tisse un cocon, dans lequel elle passe l'hiver. Son évolution s'achève au printemps suivant. Supprimer les parties atteintes et les brûler.

SYMPTÔMES DES ATTAQUES	
Tiges, pousses et feuilles	
Coloration irrégulière de l'épiderme des pousses, due à des galeries abritant de « fausses chenilles » jaunâtres à tête brune.	MINEUSES DES TIGES
Revêtement blanchâtre d'aspect poudreux, en plages sur les feuilles ou formant manchon sur les pousses.	BLANC, OU OÏDIUM
Présence de colonies de pucerons verdâtres ou rosâtres.	PUCERONS DU ROSIER
Encroûtements formés par des boucliers blanchâtres (tiges des rosiers grimpants surtout).	COCHENILLE
Feuilles	
Jaunissement généralisé.	CHLOROSE
Pustules orangées sur la face inférieure.	ROUILLE
Taches noires arrondies, parfois entourées d'une zone jaunâtre.	MALADIE DES TACHES NOIRES
Folioles enroulées en forme de cigare. A l'intérieur se trouve une fausse chenille vert clair à tête foncée.	TENTHRÈDE
Encoches en demi-lune sur le bord du limbe. Elles sont faites par une sorte d'abeille.	MÉGACHILE